L'intelligence de l'animal

Du même auteur

La Cognition animale
PUF, « Que sais-je », 1996

L'Homme et le Singe
Psychologie comparée
Flammarion, « Dominos », 1998

Réussir son premier cycle en Psycho
(en collaboration avec Annie Piolat)
De Boeck Université, 2008

Le Développement du jeune enfant
Motricité, perception, cognition
Belin, 2004

Psychologie comparée
Cognition, communication et langage
Presses universitaires de Paris Nanterre, 2016

De quelques mythes en psychologie
Enfants-loups, singes parlants et jumeaux fantômes
(en collaboration avec Kotaro Suzuki)
Seuil, « Science ouverte », 2016

Jacques Vauclair

L'intelligence de l'animal

ILLUSTRATIONS DE
JACQUES HÉMERY

Postface inédite

Éditions du Seuil

ISBN 978-2-7578-6337-4
(ISBN 2-02-013291-5, 1re publication)

J'ai vu dans l'œil animal
La vie paisible qui dure,
Le calme impartial
de l'imperturbable nature.
La bête connaît la peur ;
mais aussitôt elle avance
et sur son champ d'abondance
broute une présence
qui n'a pas le goût d'ailleurs.

RAINER MARIA RILKE,
Poésie, œuvres II, Paris,
Seuil, 1972, p. 497.

1. Préambule. Des guêpes, des coqs et des singes

Les amis des chiens ou des chats sont persuadés que leurs animaux manifestent souvent des comportements « intelligents ». Les biologistes, zoologistes ou psychologues étudiant différents animaux sur le terrain ou en laboratoire ont tenté d'aborder scientifiquement ce qui paraît aller de soi dans nos contacts quotidiens avec les animaux familiers ou dans l'observation du comportement des animaux sauvages. L'intelligence animale est étudiée par les chercheurs à l'aide de méthodes diverses : observations répétées des comportements spontanés dans le milieu naturel, expérimentation sur le terrain et tests en situation de laboratoire. Ces méthodes tentent de répondre aux grandes questions suivantes : qu'est-ce qu'un animal comprend de son environnement physique ou social ? Peut-il apprendre quelque chose de son expérience individuelle, ou son comportement est-il au contraire rigide, « instinctif », c'est-à-dire déterminé exclusivement par l'équipement héréditaire ? Avant d'entrer dans le détail des techniques et théories à propos de l'étude de l'intelligence des animaux, je rapporterai quelques observations et expériences dans le dessein d'illustrer la complexité et la diversité de leurs comportements.

Une espèce de guêpe chasseuse creuse des trous dans le sol pour y enterrer ses œufs. Une fois cette activité terminée, la guêpe part à la recherche de nourriture, non sans avoir survolé plusieurs fois l'emplacement de son nid. Quand la chasse a été bonne, la guêpe ramène au nid les proies qu'elle a tuées. L'observation de l'insecte survolant son nid a incité Niko Tinbergen (1935) à étudier, sur le terrain même, les informations employées par la guêpe pour localiser l'emplacement de son nid.

Pendant que l'insecte est occupé dans celui-ci, N. Tinbergen place une vingtaine de pommes de pin en cercle autour de l'entrée. Quand la guêpe a quitté le nid, le chercheur déplace la configuration de pommes de pin d'environ 50 centimètres, sans en changer la forme générale. A son retour dans la zone du nid, la guêpe se dirige immédiatement au centre du cercle formé par les pommes de pin. Cette expérimentation en milieu naturel s'est prolongée dans le but de vérifier le degré de généralité des configurations utilisées par la guêpe. G. Van Beusekom (1948) a employé la même technique que N. Tinbergen. Dès que la guêpe s'est envolée, il place, en plus du cercle, une ellipse et un carré formés de pommes de pin. A son retour dans la zone du nid, l'insecte se dirige vers le cercle, mais pas vers le carré. Toutefois, la guêpe choisit l'ellipse dans des proportions comparables à celles concernant le cercle. D'autres recherches ont confirmé que les guêpes apprennent bien les caractéristiques de leur environnement proche et que cet apprentissage est beaucoup plus rapide lorsqu'elles sortent du nid que lorsqu'elles y entrent (Van Iersel et Van dem Assem, 1964).

Les animaux sont-ils, comme l'homme, capables de former des concepts, ou tout au moins de regrouper des objets en catégories en les classant à partir d'un critère commun ? C'est à une telle question qu'a tenté de répondre Richard J. Herrnstein. Il a choisi d'étudier les capacités perceptives du pigeon pour discriminer plusieurs types d'objets naturels. Il entraîne ainsi des pigeons à distinguer dans un ensemble de projections de scènes réelles celles où figurent, par exemple, des arbres et celles où n'en figurent pas. L'expérience est conçue de la manière suivante : l'oiseau fait face à un écran sur lequel est projetée une diapositive. Une seule diapositive est montrée à chaque essai et le pigeon reçoit une récompense s'il donne un coup de bec sur la clé de réponse située sous la diapositive représentant un arbre. Les coups de bec donnés pour des diapositives sans arbre ne sont pas récompensés. Au cours de la phase initiale de l'expérience, le pigeon voit à plusieurs reprises un grand nombre de diapositives, jusqu'à ce que les réponses correctes atteignent un taux donné. Le psychologue confronte ensuite l'oiseau à de nouvelles diapositives, afin d'examiner s'il est capable de généraliser son « concept » d'arbre. R. J. Herrnstein (1979) trouve que le pigeon parvient effectivement à catégoriser les diapositives selon qu'un arbre est ou non présent. De plus, l'oiseau est capable d'utiliser « son concept » d'arbre pour des diapositives représentant des arbres nouveaux.

Un singe mis pour la première fois face à un miroir émet (comme la plupart des animaux confrontés à cette situation) des réponses sociales : il menace, produit des vocalisations. Il essaie aussi de toucher l'image en passant la main derrière le miroir, comme s'il voulait saisir l'« autre » singe. L'exposition répétée face au miroir conduit à la disparition progressive de ces réponses, et le singe finit par s'habituer à (c'est-à-dire ignorer ou éviter) cet étrange congénère. Cependant, chez le chimpanzé et chez l'orang-outan, les réponses sociales sont remplacées par des réactions nouvelles, prenant la forme de comportements dirigés vers soi. Le chimpanzé se livre ainsi à des explorations de son corps, et plus particulièrement de régions qu'il ne peut voir habituellement, comme l'intérieur de la bouche ou les oreilles. Cette observation est à l'origine du test de la tache imaginé par Gordon G. Gallup (1970) pour étudier ce qu'il a appelé la « reconnaissance de soi ». Après que des chimpanzés ont été exposés face au miroir pendant environ dix jours, ils sont anesthésiés et l'expérimentateur place une tache de peinture rouge au-dessus des yeux ou sur une oreille, en s'assurant que la marque colorée ne peut être détectée au toucher ou par l'odorat. A leur réveil, les chimpanzés sont à nouveau remis face au miroir. On peut alors les observer se regarder attentivement, toucher la tache de façon répétée, la frotter, puis examiner et flairer longuement le doigt qui a été en contact avec elle.

Wolfgang Köhler (1925) a observé un groupe de six chimpanzés vivant dans un zoo. Il les a soumis à différents problèmes spatiaux dans leur cage, en testant leurs capacités à faire des détours ou à prendre des raccourcis. Il s'est également intéressé à leurs conduites instrumentales et leur usage éventuel d'outils pour atteindre des objets hors de portée directe. Dans une des expériences, W. Köhler attache une banane à une corde qui pend au plafond de la cage. Un seul objet, une caisse en bois, est disponible dans la cage. A la vue de la banane, les six chimpanzés essaient de l'attraper en sautant, mais sans succès. Un des chimpanzés, appelé Sultan, cesse bientôt ces vaines tentatives et se met à arpenter la cage en tous sens.

Il s'arrête soudain face à la caisse en bois, s'en empare et la porte en direction de l'objectif. Il la pose très rapidement à terre, l'escalade et, prenant appui sur la caisse, saute de toutes ses forces et parvient à se saisir de la banane. W. Köhler a observé d'autres usages d'instruments dans son groupe de chimpanzés, comme celui de bâtons pour attraper des fruits se trouvant hors de la cage. Les chimpanzés ont même été capables d'assembler deux bâtons courts pour en fabriquer un long. Ils ont également été vus empiler deux ou trois caisses, escalader la construction et, du sommet de celle-ci, attraper des bananes à l'aide d'un bâton.

Chacun sait qu'une basse-cour est un lieu bruyant et que ses locataires ont entre eux de vifs échanges quand ils trouvent de la nourriture. Peter Marler et ses collaborateurs (1986) ont étudié les contextes dans lesquels les gallinacés émettent des signaux alimentaires et comment ces signaux sont modulés en fonction de la nature des partenaires en présence. Une étude préliminaire montre qu'un coq trouvant des vers de farine augmente son débit sonore quand une poule est dans les parages. Ces vocalisations du mâle ont, comme on s'en doute, pour effet d'attirer la poule. Le débit des vocalisations varie selon la nature de l'objet : il est à son maximum pour un aliment préféré (vers de farine) et quasi nul pour des objets non alimentaires (coquilles de noix). Les chercheurs se sont ensuite demandé si le coq pouvait contrôler l'information relative aux objets (en l'inhibant par exemple), en tenant compte à la fois du type de partenaire et du type d'aliment. Le coq vocalise effectivement avec ardeur lorsque, ayant trouvé des vers de farine, il se trouve en présence d'un partenaire sexuellement approprié, mais il inhibe complètement ses cris quand un autre mâle est présent. Outre l'aptitude à ne pas transmettre une information, le coq serait même capable d'une véritable « désinformation », comme il semble le faire dans le test où des coquilles de noix sont découvertes : dans ce cas, le coq va vocaliser significativement plus devant une poule étrangère que devant une poule familière. Les auteurs interprètent ces différences dans les échanges sonores comme une manipulation de l'information par le mâle pour attirer l'attention de femelles nouvelles.

Ces exemples reflètent le fait que les espèces animales (des insectes aux primates) ne réagissent pas de façon passive, automatique, aux objets sociaux ou inertes qui les entourent. Selon les circonstances et les buts de leurs actions, les animaux sont capables d'inhiber des comportements habituels, mais également d'inventer des solutions originales. Chacun de ces comportements manifeste le degré de contrôle qu'un individu peut avoir sur son environnement physique et social, mais aussi sur son propre corps, comme le suggère le test de reconnaissance de soi. Ces comportements et les processus sous-jacents sont principalement abordés dans le cadre de la psychologie cognitive. Les chercheurs en psychologie cognitive étudieront comment un individu traite les informations provenant de l'environnement, comment il se les représente en mémoire et comment il va les utiliser pour adapter ses comportements aux contraintes et aux changements de l'environnement. Cette approche accorde une grande importance aux concepts d'information, de représentation et de mémoire. Comme ma spécialité concerne l'étude de la cognition chez les primates, il m'est difficile de présenter une vision des capacités cognitives qui ne privilégie pas, quantitativement ou qualitativement, ces mammifères dits « supérieurs ». Cela étant posé, il ne faudrait pas en conclure que ces espèces sont plus « intelligentes » que celles situées plus bas dans l'échelle zoologique. En fait, la position que je soutiendrai est fondée sur l'idée que, à partir du moment où toutes les espèces vivent dans le même monde physique, il n'y a *a priori* aucune raison de penser que les grands problèmes liés à leur survie (recherche de nourriture, reproduction et protection des prédateurs) soient fondamentalement différents.

Je ferai tout particulièrement référence dans ce livre aux capacités de s'orienter dans l'espace, de reconnaître et d'identifier des objets sociaux ou des objets inanimés, d'en garder une représentation en mémoire, voire de les manipuler. Si ces problèmes peuvent présenter entre eux des ressemblances formelles, il n'en est pas moins évident que les stratégies perceptives (liées elles-mêmes à des capacités sensorielles spécifiques) et les stratégies cognitives mises en jeu pour les résoudre pourront varier considérablement d'une espèce à l'autre. C'est pourquoi il paraît prudent, en l'état actuel de la recherche, de distinguer les réponses comportementales des processus mis en œuvre pour les produire. Comme l'analyse de ces moyens est moins avancée que la mise en évidence des comportements, je tenterai de proposer des voies pour aborder la nature des représentations et leur éventuelle complexification au cours de la phylogenèse.

2. L'étude de la cognition animale

Ce livre a pour ambition de présenter tout à la fois un état de la question concernant la cognition animale et une thèse sur le problème de la relation de continuité et de discontinuité des processus cognitifs entre l'animal et l'homme.

Le cadre défini par Charles Darwin de l'évolution graduelle comparée entre des espèces animales inférieures et des primates a servi et sert toujours de référence pour débattre la question de l'intelligence animale. Ce contexte sera présenté dans ce chapitre, ainsi que les prolongements auxquels il a donné lieu par la naissance de deux disciplines : l'éthologie et la psychologie expérimentale animale.

Origines de la psychologie comparée

Il est nécessaire, pour comprendre l'état actuel de la psychologie animale, de présenter un bref historique de la façon dont biologistes et psychologues ont abordé les rapports entre l'homme et l'animal. Pour en rester à la seule tradition occidentale, des philosophes comme Platon ou Descartes (avec sa fameuse notion d'« animal-machine ») ont contribué à la réflexion sur ces rapports. La question de l'intelligence animale, qui n'est après tout qu'une manière indirecte de s'interroger sur l'origine de l'homme, a été puissamment reformulée il y a quelque cent vingt ans par Charles Darwin dans le cadre de ses hypothèses sur l'origine des espèces et la filiation évolutive entre l'animal et l'homme. C'est en effet C. Darwin qui a fondé la psychologie comparée moderne, également appelée « psychologie animale » dans les pays francophones.

Darwin et l'héritage darwinien

L'adaptation et la sélection naturelle constituent, selon C. Darwin, les mécanismes principaux de l'évolution. C'est dans ce cadre de référence que la psychologie comparée est née. Dès son deuxième ouvrage, *The Descent of Man* (1871), C. Darwin envisage explicitement la question de l'origine de l'homme. L'espèce humaine y est appréhendée, au même titre que les autres espèces animales, comme le produit évolutif de formes anciennes. Pour C. Darwin, les mécanismes responsables de l'évolution ne s'appliquent pas seulement aux caractères physiques, mais encore au fonctionnement mental, qui se serait progressivement perfectionné sous l'effet de la sélection naturelle. Pour établir que ce fonctionnement est également sous l'emprise de la sélection, il suffisait de montrer qu'il y a continuité entre les facultés mentales de l'homme et celles de l'animal. On retient le plus souvent de C. Darwin la formule selon laquelle « chez les animaux supérieurs, les facultés mentales, quoique si différentes par le degré, sont néanmoins de même nature que celles de l'espèce humaine ». Les facultés mentales sur lesquelles C. Darwin a fondé sa thèse se rapportent à la curiosité, à l'imitation, à l'attention, à la mémoire et au raisonnement. Les exemples qu'il relate sont essentiellement tirés des observations et anecdotes à propos des mammifères supérieurs (canidés, primates). Bien que C. Darwin envisage chez l'animal l'existence d'attitudes équivalant aux croyances humaines (*believes*), il reste toutefois prudent sur l'attribution de la conscience et d'une capacité langagière à toute espèce animale supérieure. Cette prudence n'empêche toutefois pas C. Darwin de considérer que plusieurs constituants du langage sont déjà présents dans la communication animale (chant des oiseaux, cris des singes). De tels éléments, en se combinant avec la croissance des capacités mentales, devaient conduire inévitablement au développement du langage humain.

René Descartes avait consacré l'idée d'un dualisme entre l'homme (l'esprit) et l'animal (la machine). Avec sa thèse continuiste, C. Darwin contribue d'une certaine manière à humaniser à nouveau les animaux. Et ses idées font surtout de l'étude du comportement animal un instrument essentiel pour la compréhension du comportement humain. Car, s'il faut admettre que l'homme a évolué à partir de formes animales inférieures, alors l'étude du fonctionnement mental devient primordiale pour comprendre les précurseurs biologiques de l'esprit (*mind*) humain.

Le programme de recherche était dessiné. Il restait à le réaliser et à donner un contenu à cette vie mentale postulée chez les animaux. Le premier à concrétiser ce projet est George J. Romanes, avec son livre *Animal Intelligence* (1882). A l'époque où G. J. Romanes tentait de rassembler des faits relatifs aux comportements des animaux, la psychologie humaine recourait presque exclusivement à l'introspection en tant que méthode d'investigation. Comme l'introspection n'est pas possible avec les animaux, un moyen logique pour aborder leur étude a consisté à pratiquer l'« inférence subjective », selon les termes de G. J. Romanes. Cette inférence implique que les activités des organismes non humains sont analogues aux activités humaines et que les états mentaux auxquels ces activités sont associées sont également présents chez d'autres espèces. On peut déjà noter que la méthode préconisée par G. J. Romanes a été un facteur déterminant dans l'établissement du béhaviorisme strict, avec John B. Watson, puis B. Frederick Skinner. Ce qu'il faut également retenir de G. J. Romanes, c'est sa définition du fonctionnement mental dans le contexte des capacités d'apprentissage. Ainsi, selon lui, « l'organisme réalise de nouveaux ajustements ou en modifie d'anciens en fonction des résultats de sa propre expérience individuelle » (1882, p. 4). Ce centrage sur l'apprentissage animal a été amplifié par les travaux des premiers psychologues comparatistes, comme C. Lloyd Morgan (1894), Jacques Loeb (1900) ou Margaret F. Washburn (1908).

La rupture béhavioriste

Le risque d'anthropomorphisme inhérent à l'approche adoptée par les premiers psychologues comparatistes était grand, et la réaction ne s'est pas fait attendre. C. L. Morgan avait déjà mis en garde à la fois G. J. Romanes et C. Darwin quant au danger d'interpréter une action par une faculté supérieure lorsqu'elle peut l'être à un niveau inférieur. Cette recommandation énoncée par Morgan a été appelée ultérieurement « principe de parcimonie » ou « canon de Morgan ». L'interprétation essentielle de ce principe revient à affirmer qu'il n'est pas nécessaire de faire appel à des structures psychologiques d'ordre supérieur (de type volonté ou pensée) quand des systèmes explicatifs plus simples (réflexes par exemple) peuvent rendre compte de façon adéquate d'un comportement donné. Par exemple, le papillon vole vers la lumière non pas parce qu'il est curieux, mais parce qu'un mécanisme préprogrammé (tropisme) l'y attire.

En réaction contre l'approche du comportement animal préconisée par G. J. Romanes, une démarche se voulant réellement objective s'est développée avec Edward L. Thorndike (1911). E. L. Thorndike a restreint ses études au strict cadre du laboratoire, et il est l'inventeur des « boîtes à problèmes » et des labyrinthes. Ces dispositifs ont servi à tester quelques espèces seulement – lapin, chat – et surtout rat blanc, justement nommé « rat de laboratoire ». Cet animal est ainsi devenu l'emblème et le modèle de référence pour des générations de chercheurs. Non seulement E. L. Thorndike a apporté des techniques nouvelles pour étudier l'animal, mais il est encore à l'origine de deux lois importantes dans le domaine des théories de l'apprentissage. La première loi est celle de l'*apprentissage par essais et erreurs* : cette loi met l'accent sur le rôle des répétitions dans la fixation des réponses. La seconde loi est appelée *loi de l'effet* : elle met en évidence le rôle du succès dans l'établissement des associations constituées au cours de l'apprentissage.

La psychologie animale a connu un renouveau avec J. B. Watson (1919) : ce dernier s'est attaché à démontrer les errements de l'approche mentaliste, directement issue de C. Darwin. J. B. Watson s'est appuyé sur les découvertes du physiologiste russe Ivan Pavlov (1932) concernant la nature des réflexes conditionnés pour mettre en échec les travaux et les projets des premiers psychologues comparatistes qui prétendaient décrire l'animal dans la globalité de sa vie psychique, y compris sa conscience. J. B. Watson a ainsi limité l'étude du comportement à celle des relations existant entre les stimulations (S) et les réponses (R) de l'organisme. Cette relation est communément appelée « relation S-R ». Le projet de J. B. Watson était de soustraire la psychologie au mentalisme et d'en faire une science comme les autres. L'objet de cette science serait l'étude du comportement, limitée aux seuls phénomènes observables. Cette démarche reviendrait à renoncer à toute spécu-

Deux lois de l'apprentissage

J'illustrerai ces deux lois à partir d'une des expériences réalisées par E. L. Thorndike. Un chat est placé dans une boîte et de la nourriture est déposée à l'extérieur. Pour pouvoir sortir de la boîte, le chat doit se livrer à des manipulations diverses, comme par exemple tirer un levier. E. L. Thorndike observe que le chat effectue beaucoup d'actes différents (gratter, griffer, pousser avec le museau, etc.) au cours de ses premières tentatives, jusqu'à ce qu'il parvienne, par hasard, à tirer le levier et à sortir de la boîte. La situation se répétant, le chat réussit à s'extraire de la boîte de plus en plus vite et il exécute également de moins en moins de réponses inappropriées. L'analyse du comportement de l'animal et de la diminution graduelle du temps qu'il met pour quitter la boîte a permis à E. L. Thorndike d'élaborer sa théorie de l'apprentissage. Selon lui, l'apprentissage consiste en une sélection des réponses, avec élimination des réponses inadéquates et conservation de celles qui conduisent à la solution du problème. L'animal a ainsi établi une connexion entre une situation de l'environnement et sa réponse. Cette liaison est régie par la loi de l'effet, que E. L. Thorndike formule en ces termes : *« Sur l'ensemble des réponses produites, celles qui sont accompagnées ou suivies d'un état satisfaisant pour l'animal seront, toutes choses égales par ailleurs, plus fortement liées à la situation et auront ainsi toutes chances d'être sélectionnées quand l'animal se retrouvera dans des conditions identiques de stimulation. »* (E. L. Thorndike, 1898). Le concept de renforcement, développé ultérieurement par B. F. Skinner, constitue une extension de la loi de l'effet de Thorndike. Effectivement, un renforcement est un événement (généralement positif comme la distribution d'un aliment) dont l'apparition à la suite d'une réponse entraîne un accroissement de la fréquence de manifestation de cette réponse.

lation sur ce qui peut se passer dans la « boîte noire », c'est-à-dire ce qui assure la médiation entre les entrées sensorielles (les stimuli) et les sorties comportementales (les réponses).

La réduction watsonienne a eu des conséquences nombreuses sur l'évolution ultérieure de la psychologie expérimentale et sur l'étude de la cognition, puisqu'elle a, pendant des décennies, déconsidéré *a priori* toute tentative d'« interroger » le contenu et le fonctionnement de la boîte noire. Deux autres conséquences doivent être aussi mentionnées, car elles ont un rapport direct avec l'approche évolutive. La première conséquence est le résultat du choix de l'étude d'une seule espèce, le rat, et du contexte de son étude, le laboratoire. Cette focalisation a conduit à négliger la possibilité que pour chaque animal (et *a fortiori* chaque espèce) l'adaptation soit fonction à la fois d'un déterminisme de nature biologique et de contraintes liées aux différentes niches écologiques dans lesquelles l'espèce a évolué. En deuxième lieu, l'idée de continuité a été poussée à son extrême dans la démarche béhavioriste, dans la mesure où elle présuppose qu'il n'y a pas de différences entre les espèces et qu'une seule d'entre elles peut donc suffire pour mettre en évidence les lois générales de l'apprentissage. L'abandon de l'intérêt pour les comparaisons interspécifiques caractérise ainsi les choix expérimentaux de Edward C. Tolman (1932), de B. F. Skinner (1938) et de C. L. Hull (1943).

Remise en question du schéma béhavioriste : l'émergence du courant cognitiviste

Sans vouloir prétendre rendre compte de manière exhaustive de l'émergence d'un courant cognitiviste en psychologie comparée, il est tout de même intéressant d'indiquer quelques événements qui ont jalonné sa courte histoire.

Le schéma béhavioriste a été contesté à son tour. Cette remise en cause s'est déroulée, dans un premier temps, au sein même du mouvement. Je ferai référence ici presque exclusivement à des auteurs américains, car c'est aux États-Unis que la psychologie animale a connu son plus grand développement. E. C. Tolman est sans doute l'un des premiers à avoir ébranlé l'édifice béhavioriste dans les années trente. Il a contesté le « dogme » de l'apprentissage, conçu exclusivement comme la formation d'associations entre stimuli et réponses. Son apport est double. Il a, d'une part, proposé une révision théorique de la notion d'apprentissage en la complétant par des concepts nouveaux, comme ceux de « carte cognitive », d'« attentes » ou d'« hypothèses ». D'autre part, il a renouvelé les techniques d'étude du comportement du rat dans le labyrinthe.

La psychologie animale francophone

La psychologie expérimentale animale ne s'est jamais implantée sérieusement au sein de la psychologie francophone, et cela malgré l'intérêt pour le comportement animal de psychologues comme Paul Guillaume (1940, 1941), Gérard de Montpellier (1947), Henri Piéron (1941) et Gaston Viaud (1951). Les travaux les plus connus sont sans doute ceux que P. Guillaume a entrepris dans les années 1930-1940 sur les comportements instrumentaux des primates.

Les sciences cognitives

Les sciences cognitives sont aujourd'hui en vogue et elles sont abordées par des disciplines aussi diverses que les neurosciences, la linguistique, la robotique, l'informatique, la logique, l'intelligence artificielle, l'épistémologie et, bien entendu, la psychologie, où les phénomènes cognitifs ont été originellement décrits. Ce cognitivisme est né au confluent de trois grands courants d'idées dans les années cinquante : celui d'information (avec la théorie de Shannon), celui de langage ou système formel (dans la ligne de la logique mathématique de Russell, Gödel, etc.) et enfin celui des automates programmables universels, dont le prototype a été la machine de Turing. Consubstantielle à la notion de cognition, on trouve celle de représentation. En effet, pour le cognitivisme contemporain, penser, c'est calculer, c'est-à-dire manipuler des symboles suivant les règles du langage formel dont les symboles constituent le vocabulaire. Les symboles sont porteurs de sens, et le sens constitue en lui-même une information sur le monde. Autrement dit, un système cognitif est un système qui contient des représentations, et, de ce fait, penser consiste à transformer ces représentations en d'autres (D. Andler, 1986, 1989). Bien que le courant cognitiviste contemporain qui dérive de ces conceptions soit loin de couvrir le champ entier de l'expérience mentale (il laisse notamment de côté tout ce qui ressortit aux croyances, aux sentiments, aux expériences subjectives), cette approche, même sous sa forme réduite aux représentations, a fait la preuve qu'elle est heuristiquement utile pour étudier la cognition animale.

Psychologie cognitive chez l'animal : l'étude de la représentation

L'étude des processus cognitifs chez l'animal a été fortement influencée par les développements de la psychologie cognitive humaine, et notamment ceux qu'ont engendrés la théorie de l'information et l'accent mis sur les notions de représentation et de mémoire (A. Newell et H. A. Simon, 1972). Comme l'écrivent R. Lachman et ses collaborateurs (1979), la psychologie cognitive se donne pour champ d'investigation la manière dont le sujet « recueille des informations, comment il les code et les mémorise, comment il prend des décisions et transforme ses connaissances en actions » (p. 99). Le lien entre mémoire et représentation est tellement intime que les deux termes sont souvent confondus, comme, par exemple, lorsque l'on définit la mémoire comme « la représentation intériorisée d'un événement quelconque qu'un organisme a vécu dans le passé » (C. W. Gordon, 1983).

L'étude des activités mentales humaines s'est en outre fixé comme objectif de simuler sur ordinateur les opérations les plus élémentaires de la pensée ainsi conçue. Pour Edward A. Wasserman (1984, p. 250), la psychologie cognitive humaine constitue déjà une psychologie comparée de l'homme et de la machine.

Les changements de paradigme dans l'étude du comportement dit « intelligent » des animaux ont suivi de près l'évolution de la psychologie humaine. Aussi, c'est à la suite des théories de l'information, puis des développements de l'intelligence artificielle dans les années soixante, qu'on a vu se dessiner progressivement une approche du comportement animal qualifiée aujourd'hui de cognitive. Cette approche a comme caractéristique principale de considérer tout animal comme un acteur dans le processus adaptatif. Si, donc, un organisme ne subit pas passivement les pressions et les contraintes diverses de son milieu, il faut l'envisager comme sélectionnant et traitant l'information pour s'adapter (H. L. Roitblat, 1982 ; H. S. Terrace, 1984 ; J. Vauclair, 1987*b*). Cette vision d'un animal actif a profondément modifié à la fois les paradigmes et les procédures choisis pour révéler ces traitements divers et les concepts employés pour les analyser et les interpréter de manière adéquate.

Le courant cognitiviste, d'abord minoritaire en psychologie animale comme en éthologie, est devenu au fil des années (entre 1975 et 1985) d'une force respectable. Son émergence a eu comme conséquence heureuse de favoriser le rapprochement entre les études de terrain des éthologistes et la démarche des psychologues de laboratoire.

Définition de la représentation

Le concept de *représentation* est donc la clé de voûte du projet cognitiviste. Si l'on recadre ce projet dans le contexte de l'étude des liaisons stimulus-réponse, on peut dire que le concept d'information remplace le concept de stimulus et que la représentation se situe à l'interface entre les informations perçues et la production des réponses.

Définition générale de la représentation*

Correspondance fonctionnelle entre des aspects de l'environnement et des processus dans le système nerveux permettant à l'animal de s'adapter à ces aspects de l'environnement.

Propriétés : les opérations dans le système nerveux *anticipent* des relations dans l'environnement et *prédisent* les conséquences des actions.

L'intervention de représentations implique l'action de *processus combinatoires et transformationnels* qui vont opérer sur le résultat des entrées sensorielles. La représentation est donc plus que la simple substitution d'une entité (objet) par une autre entité (neurale ou mentale).

* D'après C. R. Gallistel, *The Organization of Learning*, Cambridge, Mass., MIT Press, 1990.

Un module géométrique

Ken Cheng (1986) a étudié le type de traitement spatial appliqué par des rats à un espace simple, un dispositif rectangulaire de 120 × 60 centimètres.

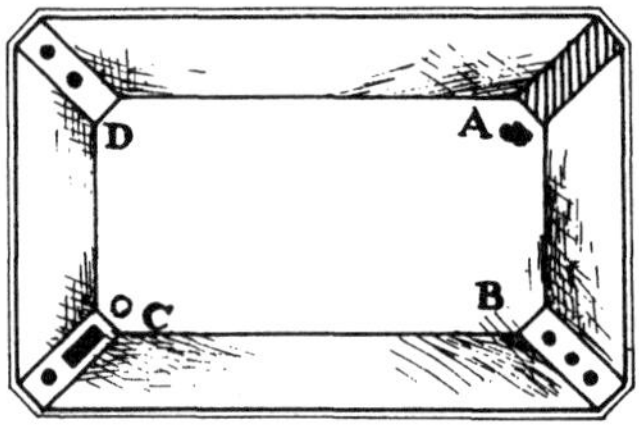

D'APRÈS K. CHENG 1986

Figure 1. Schéma du dispositif pour l'étude de la représentation de l'espace chez le rat.

Cet espace est spécifié à la fois par des relations globales, géométriques (comme la longueur des parois) et par des repères locaux (configurations visuelles dans les coins, couleurs, etc.). Un rat, placé au centre du rectangle, a vu que de la nourriture est cachée dans le coin A. Aucun repère extérieur au dispositif n'est disponible. La localisation du but peut donc être effectuée sur la base des seules relations géométriques ou/et en prenant en compte les informations locales. Dans une des expériences de K. Cheng, un emplacement différent (A, B, C ou D) est sélectionné à chaque essai : les rats font presque autant de choix corrects que d'erreurs

Une des interprétations les plus récentes de ce concept en psychologie animale est due à Charles R. Gallistel (1989, 1990) : il le décrit comme un « isomorphisme fonctionnel », c'est-à-dire une correspondance entre un ou plusieurs aspects de l'environnement et des processus comportementaux et nerveux permettant d'adapter le comportement de l'animal à ce ou ces aspects de l'environnement. Pour C. R. Gallistel, un animal va construire et utiliser des représentations de son

chez le rat et le poussin

de rotation. Par exemple, si le coin correct est en A, on observe un nombre comparable de recherches en C, emplacement géométriquement équivalent à A. Les rats sont bien entendu capables d'utiliser les repères locaux quand la nourriture est au même endroit d'un essai à l'autre. Toutefois, ces repères doivent être proches de l'emplacement de la nourriture pour être utiles à sa localisation. La démonstration est apportée par l'expérience consistant à retirer les repères marquant le coin correct et celui de sa diagonale opposée : par exemple, si A est le but, on ne laisse que les repères en B et D. Les rats choisissent alors dans des proportions identiques le coin correct et son équivalent géométrique (C).

Pour K. Cheng, le rat traite son espace sous la forme d'un module géométrique, c'est-à-dire en terme de surfaces, indépendamment des caractéristiques locales. Ces dernières caractéristiques seraient regroupées dans un autre module. Le recours à ce second module est nécessaire pour distinguer entre deux lieux équivalents d'un point de vue géométrique. Dans ce cas, seules les caractéristiques proches d'une adresse géométrique sont appelées et agglutinées au module géométrique. L'étude de poussins (G. Vallortigara et al., 1990) testés avec le même dispositif que celui de K. Cheng confirme les résultats obtenus avec les rats et apporte des informations supplémentaires concernant l'interaction entre les deux types de modules. Ainsi, le fait que l'information géométrique soit codée par l'oiseau, alors qu'il n'y a pas d'ambiguïté sur l'usage des repères locaux, suggère que les représentations spatiales du poussin sont organisées de manière hiérarchique. Enfin, les poussins recourent presque exclusivement à l'information provenant des repères locaux quand les caractéristiques globales sont en contradiction avec les informations locales.

environnement afin de s'y comporter de façon adaptative. Ces représentations vont donc conduire l'animal à anticiper des relations (spatiales ou temporelles) entre certains aspects de l'environnement et à prédire les conséquences de ses actions.

De plus, pour C. R. Gallistel, la représentation implique l'intervention de *calculs* ou de *procédures combinatoires* opérant sur les résultats des traitements sensoriels ou perceptifs. On notera que cette conception est différente et plus exigeante qu'une conception purement nominaliste, où la représentation serait en quelque sorte un étiquetage faisant seulement correspondre une entité mentale à une entité d'une autre nature (simple substitution).

Un domaine de connaissance particulièrement bien adapté à l'étude des représentations est celui de l'espace, dans la mesure où les relations entre les objets de l'environnement peuvent conduire directement à une formalisation : il s'agira d'une géométrie, de type euclidien ou autre. On pourra ainsi se demander si un animal se représente des relations métriques et, si c'est le cas, quels types de combinaisons (détours, raccourcis) sont réalisés sur l'espace ainsi traité.

Vers une synthèse des approches biologiques et psychologiques

La psychologie expérimentale a développé les théories de l'apprentissage et la recherche de lois générales, en retenant de C. Darwin l'idée d'adaptation individuelle et de continuité des mécanismes comportementaux. En revanche, l'éthologie s'est développée à partir des conceptions se rapportant à l'évolution des espèces et au contexte de leur adaptation. L'intérêt de la psychologie pour les acquisitions individuelles et la recherche des lois générales de l'apprentissage a eu très tôt comme conséquence, E. L. Thorndike le recommandait déjà, de limiter l'étude comparative à quelques espèces (rat, pigeon, lapin). C'est en partie en réaction contre cette tendance que l'éthologie s'est affirmée, notamment l'école lorenzienne (K. Lorenz, 1970).

L'éthologiste a apporté un argument d'ordre biologique pour considérer l'apprentissage non plus comme un phénomène général et unique, mais comme dépendant de contraintes et de prédispositions différentes selon les espèces, l'âge et le sexe. La psychologie expérimentale a apporté de son côté des informations sur la façon dont l'animal découvre les relations entre les événements de son environnement et sur les limites et conditions de l'élaboration de telles relations.

Pour l'approche cognitive contemporaine, un concept central est celui de représentation. Toutes les grandes catégories psychologiques étudiées chez les animaux sont abordées par le biais du concept de représentation : c'est le cas pour les apprentissages associatifs et discriminatifs, les travaux sur la mémoire, sur la résolution de problèmes, etc. Les contextes les plus divers sont aujourd'hui choisis pour étudier les manifestations de la cognition animale : ils concernent la vie relationnelle, l'utilisation de l'espace et des ressources de l'environnement.

Organisation des chapitres

C'est dans leurs activités quotidiennes que les animaux expriment toute la complexité de leur répertoire comportemental, quand ils se déplacent, se nourrissent et quand ils interagissent socialement. J'examinerai au chapitre 3 l'organisation des déplacements et l'usage des outils chez différentes espèces et les traitements cognitifs sous-jacents à ces comportements. Si l'on veut bien considérer les congénères comme des « objets » sur lesquels un individu agit et qui sont eux-mêmes susceptibles d'actions en retour, on a là un domaine propice pour mettre en évidence des représentations. Les études portant sur la cognition sociale seront abordées dans le chapitre 4, en référence à la fois aux travaux entrepris sur le terrain et aux investigations de laboratoire, notamment celles qui portent sur la compréhension par des primates des relations de filiation et de hiérarchie sociale.

Dans une optique de psychologie de laboratoire, plusieurs groupes de recherche se sont préoccupés d'étudier expérimentalement si et comment certaines espèces (essentiellement des primates) acquéraient des capacités cognitives comparables à celles qui ont été décrites chez l'homme. Une série de travaux ont ainsi porté, dès les années soixante-dix, sur les acquisitions sensori-motrices (comme la permanence de l'objet) de jeunes mammifères. Les tentatives visant à décrire les acquisitions cognitives à la lumière des théories de Jean Piaget concernant le développement de l'intelligence chez l'enfant seront présentées au chapitre 5. On a également soumis des primates à des apprentissages, afin de tester leurs performances dans le maniement de certains concepts logiques, comme l'inférence transitive. Le chapitre 5 traitera aussi des tentatives d'apprentissage du concept de nombre par certains animaux.

Des recherches ambitieuses se sont donné comme objectif d'enseigner à des dauphins et à des grands singes les rudiments d'un langage (chapitre 6) en utilisant différents types de supports (gestes, manipulation de symboles graphiques divers). Ces travaux seront présentés et discutés par rapport aux concepts de représentation, de communication et de langage articulé. Je proposerai une perspective critique pour situer les acquisitions de type « linguistique » décrites chez les animaux. Elles seront analysées à partir de considérations ayant trait aux caractéristiques structurales et fonctionnelles du langage

Distinguer intelligence

Dans les pages qui précèdent, le concept d'intelligence est utilisé de façon interchangeable avec celui, plus récent, de cognition. Il paraît cependant nécessaire, pour la suite de ce livre, de tenter de proposer une distinction entre ces deux concepts. Cette distinction peut être abordée au moyen de l'exemple de l'orientation spatiale du pigeon voyageur. On sait que le pigeon est capable de retrouver son nid en recourant à différents systèmes de navigation (entre autres : usage d'une boussole, du champ magnétique, de repères visuels et olfactifs). David McFarland (1989) observe que le système employé par le pigeon est sophistiqué et que ces mécanismes seraient jugés très « intelligents » s'il s'agissait de les traduire pour la construction d'un robot. Le contrôle de la navigation chez le pigeon consiste toutefois essentiellement dans la mise en œuvre de routines, préprogrammées dans le système nerveux de l'oiseau. On peut donc affirmer que le contrôle de cette orientation spatiale fait appel à des commandes surtout précodées, même si l'expression comportementale que le chercheur peut observer paraît « intelligente ». Pour Paul Rozin (1976), les comportements intelligents sont conçus comme des adaptations spécifiques à des problèmes spécifiques. En l'occurrence, dans le cas du pigeon, ses aptitudes remarquables à utiliser différents types d'informations pour retrouver son nid sont restreintes à ce domaine et ne sont pas utilisées dans d'autres contextes de son adaptation à l'environnement (par exemple, pour rechercher de la nourriture ou des partenaires).

Le concept d'intelligence concerne donc l'*évaluation d'une per-*

et des comportements prélinguistiques de l'enfant. Les systèmes communicatifs des animaux seront comparés aux modes de communication proprement humains. Cet examen sera l'occasion de présenter certains comportements conventionnalisés chez l'animal, mettant en œuvre une manipulation de l'information au cours des échanges.

D'autres travaux ont été également entrepris pour tester les capacités et les limites de certains animaux dans la reconnaissance de soi, l'aptitude au mensonge et l'intentionnalité. En un mot, pratiquement toutes les conduites complexes humaines ont donné lieu à des études comparatives chez l'animal. Ces travaux seront illustrés au chapitre 7. Je suggérerai un cadre

et cognition

formance sur la base d'un critère fonctionnel donné. La cognition, elle, implique l'intervention, chez un individu donné, de processus d'apprentissage et de traitement de l'information. C'est pourquoi il est indispensable de définir les propriétés qui sont spécifiques à un système cognitif. De telles propriétés vont permettre de le distinguer des organisations de comportements, même complexes, conçues comme l'expression de mécanismes précodés dans le système nerveux. Un des premiers psychologues comparatifs, G. J. Romanes (1882), a défini l'intelligence comme la capacité pour un individu d'ajuster son comportement en fonction des conditions changeantes de l'environnement. Cette notion de l'intelligence est très proche de la signification contemporaine de la cognition. On parlera donc de cognition lorsqu'un individu construit des réponses pour résoudre un problème posé dans son environnement actuel. De telles réponses doivent avoir certaines caractéristiques, dont la *flexibilité*, la *nouveauté* et une *capacité* de généralisation à des contextes qui diffèrent de la situation de départ. La flexibilité de la réponse suppose que l'individu est en mesure de construire une réponse lorsqu'il doit faire face à des conditions inattendues dans l'environnement. La réponse choisie doit elle aussi être nouvelle. La nouveauté est donc reconnue par le fait que la réponse élaborée n'est pas la simple mise en œuvre de comportements préprogrammés. Enfin, un moyen nouveau, construit pour résoudre un problème nouveau, est susceptible d'être généralisé à des contextes comparables ou partiellement différents de ceux qui ont réglé sa construction initiale.

d'interprétation de ces comportements, avec le souci d'expliciter les différences et les ressemblances entre les processus cognitifs chez l'animal et ceux qu'on a étudiés chez l'homme. Il résulte de l'examen des grandes catégories de la perception et de la mémoire que de très nombreuses espèces animales, à différents niveaux phylogénétiques, appliquent des traitements cognitifs aux objets du monde qui les environne. Cette ressemblance dans ces traitements viendrait à l'appui de la thèse darwinienne de la continuité mentale de l'animal à l'homme. L'élément permanent de cette continuité est à chercher dans la présence d'une fonction généralisée de représentation. Des distinctions sont cependant proposées pour repérer des niveaux de traitement dans cette fonction de représentation. Il s'agit de dégager les types de rapports et de relations que l'organisme actif met en jeu, depuis les simples couplages temporels et spatiaux jusqu'à des équivalents d'opérations logiques. Une catégorisation des supports est également envisagée, en identifiant les différents types de substituts qui sous-tendent la mise en œuvre des représentations. Cette classification vise à esquisser une phylogenèse des modes de symbolisation. Si les représentations mises en jeu dans les comportements de différentes espèces montrent des analogies frappantes, cela n'implique pas que ces représentations vont se traduire forcément de manière identique sur le plan de l'action. Je proposerai aussi de distinguer représentations et règles d'action. Ces dernières sont conçues comme la traduction concrète des premières et leur manifestation va dépendre de facteurs multiples (contraintes du milieu, contraintes biologiques et niveau d'apprentissage).

Je soutiendrai la thèse de la discontinuité homme/animal pour certains processus communicatifs très spécialisés s'apparentant au langage (chapitre 7). Les performances des animaux qui ont appris un « langage » sont critiquées à partir des spécificités structurales et fonctionnelles du signe verbal et de certaines caractéristiques de la communication humaine, comme l'énonciation.

J'aborderai également dans le dernier chapitre la question de l'évolution de l'intelligence et j'examinerai les différents scénarios proposés pour en rendre compte. Cette discussion me conduira à confronter l'application du modèle darwinien à des modèles alternatifs, comme celui des équilibres ponctués. Les objectifs de la psychologie comparée visant à dégager des invariants psychologiques sont évalués à la lumière des théories récentes, et plus particulièrement des changements de perspective qui ont été apportés par l'approche cognitive. Je montrerai enfin l'intérêt et les limites des recherches portant sur la cognition animale dans le cadre de la psychologie comparée et de l'éthologie cognitive. Il en ressort que ces études ont contribué et contribueront encore à mieux évaluer l'intelligence humaine et son histoire évolutive. De plus, l'étude de la cognition chez l'animal offre un cadre unique pour mettre au jour les propriétés et le fonctionnement d'une pensée sans langage. Je suggérerai que, de ce dernier point de vue, les recherches sur la cognition animale peuvent servir d'heuristique féconde pour les préoccupations actuelles des sciences cognitives.

3. L'usage d'outils et la représentation de l'espace

Ce chapitre présente deux thèmes majeurs de la recherche en psychologie cognitive animale : l'usage d'outils et la représentation spatiale. L'usage d'outils par des animaux a été popularisé essentiellement à travers les observations de chimpanzés en liberté vivant dans la réserve de Gombe Stream en Tanzanie, réalisées par Jane Van Lawick-Goodall (1968). J. Van Lawick-Goodall a décrit ces chimpanzés manipulant de fins bâtons pour pêcher des fourmis dans des nids souterrains ou encore broyant des feuilles utilisées comme des éponges pour récupérer l'eau dans des cavités inaccessibles directement par la bouche. Ces exemples spectaculaires d'usage d'objets permettant d'en atteindre d'autres ne sont pas l'apanage des seuls primates supérieurs. Nous en rencontrerons d'autres chez des mammifères, des oiseaux et même chez les invertébrés.

L'emploi d'objets comme outils implique, dans la grande majorité des cas, des organisations séquentielles d'actes. Celles-ci mettent en effet en jeu des coordinations sensorimotrices (des manipulations) et font intervenir des connaissances liées aux contraintes physiques et spatiales des objets. De plus, ces comportements sont souvent réalisés en groupe et semblent s'acquérir progressivement au cours du développement, par l'exercice individuel aussi bien qu'à partir de l'observation d'adultes compétents (W. C. McGrew, 1977). Les comportements entrant dans cette catégorie sont donc complexes, dans la mesure où ils font appel à plusieurs capacités sociocognitives. J'aurais pu présenter l'usage d'outils dans le chapitre se rapportant aux manipulations d'objets. S'il figure ici, c'est que la composante spatiale en constitue un des aspects essentiels. En effet, l'usage d'outils implique une organisation spatiale du mouvement, mouvement de l'organe de préhension manipulant l'outil ou déplacement de l'outil ou du sujet vers celui-ci.

L'usage d'outils

Étant donné l'ampleur du champ dans lequel des objets peuvent prendre, à un titre ou à un autre, une fonction « utilitaire », il est indispensable de proposer une définition de l'outil. On empruntera une telle définition à Benjamin B. Beck (1980), auteur de l'ouvrage sur cette question sans doute le plus complet actuellement.

Une définition de l'outil

Pour pouvoir être qualifié d'outil, un objet doit être doté, par les actions qui sont exercées sur lui, des caractéristiques suivantes :

1) l'objet doit être détaché de son substrat et se trouver à l'extérieur du corps de celui qui l'utilise ;

2) l'utilisateur doit tenir ou porter l'objet-outil au moment de l'utiliser ou juste avant et doit l'orienter correctement par rapport au but ;

3) la mise en œuvre d'un outil doit comporter un changement dans la forme, dans la position ou dans la condition d'un autre objet, d'un autre organisme ou de l'utilisateur lui-même.

La *manufacture d'outil* est conçue, dans la logique de la définition précédente, comme toute modification d'un objet par l'utilisateur (ou un congénère) pour en faire un outil plus efficace.

Quelques cas d'usage d'outils

Afin de donner une idée de la diversité de l'usage d'outils par l'animal, quelques exemples représentatifs ont été sélectionnés chez les invertébrés (la guêpe), chez les oiseaux (le pinson) et chez les mammifères (l'écureuil, la loutre et des primates).

Un cas remarquable d'usage d'outil a été décrit depuis très longtemps (G. Peckham et E. Peckham, 1898) chez les *guêpes solitaires* d'Amérique du Nord. Les femelles de cette espèce excavent des terriers tubulaires et les remplissent d'insectes qu'elles ont capturés et paralysés. Ces proies serviront de nourriture aux larves de guêpes qui vont se développer dans le terrier. Une fois enterrées, les proies sont recouvertes de terre et de cailloux. Après avoir déposé un œuf et fermé définitivement le terrier, la femelle saisit parfois entre ses mandibules un petit caillou, avec lequel elle va tasser la terre. La fonction de ce comportement est double : damer la terre, mais vraisemblablement aussi vérifier que l'entrée du terrier est effectivement obturée.

Plusieurs auteurs (en premier E. Gifford, 1919) ont observé le *pinson pic des Galapagos* utiliser des brindilles ou des épines de cactus (de 10 à 20 centimètres de long) pour trouver des larves d'insectes en explorant des orifices dans les arbres. La technique employée par cet oiseau consiste soit à empaler l'insecte trouvé avec la brindille (tenue dans le bec), puis à le retirer du trou, soit à manœuvrer la brindille dans l'orifice pour provoquer la remontée de l'insecte vers la sortie. Ce but atteint, le pinson abandonne son outil ou le maintient contre le substrat à l'aide de ses pattes et mange l'insecte. On a même vu des pinsons se déplacer de branche en branche en transportant leur brindille à la recherche de proies.

Chez les petits mammifères, on peut observer l'*écureuil* (D. Owings et R. Coss, 1977) jeter du sable en direction d'un serpent et provoquer ainsi la fuite du reptile. Chez les carnivores, un cas d'usage d'un outil bien décrit concerne la *loutre de mer*.

Certaines populations de loutres de mer se nourrissent de moules, en utilisant des pierres comme enclumes pour les ouvrir. La pierre est ramassée au fond de l'eau, puis remontée à la surface. La loutre se retourne alors, l'abdomen à l'air, et, tenant la pierre contre son poitrail, frappe à plusieurs reprises la moule pour la briser (K. Hall et G. B. Schaller, 1964).

Les cas d'usage d'outils chez les primates sont très nombreux. Ils ont été décrits chez dix-sept espèces différentes dans tous les groupes taxinomiques, à l'exception des prosimiens. La variété des contextes dans lesquels l'usage d'outils a été observé permet de distinguer les primates des autres animaux.

Figure 2. Une loutre utilise une pierre comme enclume pour briser des moules. (D'après La Recherche, *n° 52, janvier 1975.)*

L'ordre des primates

L'homme appartient à l'ordre des primates. La classification zoologique distingue, au sein de cet ordre, deux sous-ordres : les prosimiens et les simiens. Étant donné la place accordée aux primates dans cet ouvrage, il est utile de les situer brièvement dans cette classification et de mentionner quelques espèces représentatives. Les prosimiens comprennent, entre autres espèces, les lémuriens, qui occupent les forêts de Madagascar. Le sous-ordre des simiens est composé des singes du Nouveau Monde (singe-écureuil, capucin) et des singes de l'Ancien Monde. Parmi ces derniers, on compte les cercopithécidés (macaque, babouin), les hylobatidés (gibbon) et, bien entendu, les pongidés, aussi appelés singes anthropoïdes. Cette dernière famille est formée du chimpanzé commun et du chimpanzé nain ou bonobo, du gorille et de l'orang-outan. Chimpanzés et gorilles vivent en Afrique. L'orang-outan est asiatique (Bornéo et Sumatra).

Les singes du Nouveau Monde ont un mode de vie essentiellement arboricole, et il n'est pas étonnant qu'on les ait observés, dans la nature comme en captivité, laissant tomber ou jetant des objets dans des situations qui peuvent évoquer un usage de ces objets comme outils. Par exemple, les *singes hurleurs* cassent des branches et les font tomber sur les hommes qui les suivent dans la forêt (C. Carpenter, 1934). Parmi les singes du Nouveau Monde, ceux du genre *Cebus*, comme le capucin, sont dotés d'une exceptionnelle capacité de préhension et d'opposition pouce/index, qui en fait des animaux prompts à se livrer à divers types de manipulations d'objets. Les capucins font eux aussi usage de bâtons, qu'ils lancent avec précision à la fois dans un contexte de menace d'humains ou d'autres primates et dans un contexte non social, afin, par exemple, de se procurer de la nourriture (H. Klüver, 1933). Au laboratoire, les singes capucins se montrent également performants dans l'emploi de bâtons pour dégager de la nourriture déposée au centre d'un tube horizontal transparent. Les singes testés utilisent spontanément les bâtons pour atteindre la nourriture en la poussant vers l'extrémité du tube. De plus, ils sont capables de combiner deux ou plusieurs bâtons ou d'en modifier un autre pour parvenir à cette fin.

Toutefois, ces stratégies ne sont pas réalisées de la façon la plus économique. Ainsi, par exemple, ils négligent un bâton de la bonne taille au profit d'autres bâtons trop courts ou trop épais, qui doivent être modifiés pour accéder au but (E. Visalberghi et L. Trinca, 1989). Dans d'autres circonstances, les capucins ont été observés en train de frapper différents objets (noix, fruits à l'écorce dure, escargots) contre des branches pour les ouvrir (K. Izawa, 1979). En captivité, les capucins ouvrent des noix en se servant de pierres comme de marteaux (J. R. Anderson, 1990).

Parmi les singes de l'Ancien Monde, c'est chez les *cercopithécidés* (macaque, babouin) qu'on trouve les plus nombreux cas d'usage d'outils. Les macaques utilisent parfois des pierres pour briser les coquilles d'huîtres ou écraser des scorpions. En

Figure 3. Un jeune chimpanzé « pêche » des termites en s'aidant d'une petite branche.

Figure 4. Le capucin, singe du genre Cebus, utilise en captivité des pierres ou des morceaux de bois pour casser des noix. (D'après une photographie de J. R. Anderson.)

captivité, ils utilisent différents objets longiformes pour se procurer de la nourriture hors d'atteinte des mains ou de la bouche. A propos des babouins, plusieurs auteurs décrivent des comportements provoquant des chutes de pierres dans la direction de prédateurs potentiels. L'étude des babouins du Cap (qui se réfugient pour dormir sur des corniches dans des lieux escarpés) a ainsi révélé que ces animaux provoquaient des chutes de pierres en direction des scientifiques qui les observaient. Il est difficile de savoir si ces chutes étaient dirigées de façon intentionnelle vers les observateurs. Toujours est-il que les babouins déclenchaient la chute de lourdes pierres après s'être déplacés à la verticale de leurs « cibles » (W. Hamilton, W. Buskirk et R. Buskirk, 1975).

En sus des objets inertes, des « objets sociaux » (congénères) peuvent également prendre le statut d'outils. C'est le cas lors de relations agonistiques, qui désignent un ensemble de comportements sociaux comprenant des menaces, des agressions, des défenses ainsi que des soumissions. Il arrive ainsi (H. Kummer, 1967) qu'un babouin mâle « emprunte » un jeune (en l'incitant à s'accrocher à lui ou, s'il hésite ou refuse, en le prenant vigoureusement contre lui) pour s'approcher d'autres mâles. Recourir à un petit comme paravent a pour fonction probable d'inhiber les tendances agressives du ou des partenaires. Ce comportement peut également servir à renforcer des liens « affiliatifs » quand, par exemple, un mâle juvénile cherche à être épouillé par la mère de l'enfant emprunté.

Les trois espèces de singes anthropoïdes (*gorille, chimpanzé* et *orang-outan*) utilisent des outils, à des degrés divers. Le chimpanzé est sans aucun doute le plus actif dans ces manipulations. Des objets sont fréquemment introduits dans les séquences d'intimidation entre mâles. On peut les voir brandir ou secouer violemment des racines, des branches ou tout autre objet disponible. Ces usages apparaissent non seulement dans les échanges intraspécifiques, mais encore pour intimider des humains, se débarrasser d'intrus (babouins, par exemple) ou éloigner des prédateurs, comme le léopard. Dans les conditions naturelles, ces objets sont cependant rarement jetés en direction de congénères. En revanche, en captivité, le chimpanzé a la réputation d'être un redoutable « tireur ». Tous les objets à disposition (sable, pierres, excréments, bâtons) peuvent servir de projectiles. Ceux-ci sont généralement jetés, avec une grande précision, par un mouvement « en dessous » du bras vers la cible. Un des cas les plus accomplis de fabrication et d'usage de projectile a été observé chez un chimpanzé installé dans une grande cage grillagée à l'entrée d'un zoo (observation personnelle). Dès que des visiteurs étaient en vue, on pouvait noter que le chimpanzé urinait sur le sol recouvert de sciure de bois. Il confectionnait ensuite avec ce mélange une « boule de neige » qu'il lançait en direction du nouveau visiteur, en le surprenant ainsi de façon pas toujours agréable.

Par ailleurs, en situation naturelle, les chimpanzés utilisent couramment des objets pour se procurer de la nourriture. La recherche de termites, dont les chimpanzés sont très friands, est réalisée à l'aide d'une fine branche insérée dans le trou de la termitière. Pour que la « pêche » soit efficace, l'outil doit avoir la longueur et la taille appropriées. Fréquemment, cet outil doit être préparé préalablement à son introduction dans la termitière, en en détachant, par exemple, les rameaux pour le rendre lisse. Après avoir introduit la branche, le chimpanzé attend quelques instants (le temps que les termites s'accrochent), puis il retire le bâton et prélève les insectes de l'extrémité par un mouvement de balayage des lèvres. Un comportement encore plus élaboré d'usage d'outils se rapporte au cassage des noix chez les chimpanzés de la forêt de Tai, en Côte-d'Ivoire (C. Boesch et H. Boesch, 1983, 1990). Les noix les plus fréquemment cassées sont des variétés *Coula* et *Panda*, et possèdent une coque très dure. Elles sont posées sur une « enclume » (une souche ou une pierre plate) et frappées à l'aide d'un « marteau » (morceau de bois ou grosse pierre). Les noix *Coula* sont cassées à l'aide de pierres ou de marteaux en bois, mais seules les pierres peuvent venir à bout des noix *Panda*. La résistance de ces noix contraint les chimpanzés à sélectionner les meilleurs marteaux et à les transporter jusqu'au pied des arbres qui portent les noix. Une étude de l'organisation spatiale du transport des marteaux (C. Boesch et H. Boesch, 1984 ; C. Boesch et H. Boesch-Ackermann, 1991) suggère que les chimpanzés se souviennent des lieux où les outils potentiels sont déposés. De plus, les chimpanzés choisissent leurs pierres de telle sorte que le trajet entre l'outil sélectionné et l'arbre représente une distance minimale. En raison de la visibilité limitée par la forêt (environ 20 mètres), le chimpanzé ne peut percevoir simultanément la pierre et l'arbre. L'intérêt de minimiser la distance et l'énergie dépensée dans le transport des marteaux semble évident, car le transport à la main d'une pierre de 3 kilogrammes oblige l'animal à se déplacer sur trois membres. Christophe et Edwige Boesch ont mesuré le poids des outils utilisés par le chimpanzé et les distances entre l'endroit où l'outil est ramassé et l'arbre *Panda*. Ces mesures montrent que la stratégie adoptée par le chimpanzé consiste à sélectionner d'abord un arbre *Panda*, puis à choisir une pierre en fonction de la distance à parcourir. Ces comportements supposent une représentation spatiale élaborée, qui permet au chimpanzé de mesurer des distances et de les comparer entre elles. Au sein de la « carte cognitive » ainsi constituée, le chimpanzé peut permuter des objets, en changeant les emplacements des pierres par rapport aux arbres, et les points de référence, en mesurant la distance entre les arbres et les emplacements de pierres.

Fonctions des outils chez l'animal

Il est difficile de dégager des différences d'ordre phylogénétique dans l'usage d'outils. Les seules différences nettes entre espèces apparaissent dans la fréquence et/ ou dans le contexte différencié d'utilisation des outils. Selon le premier de ces critères, on peut conclure avec B. B. Beck (1980) que les primates utilisent beaucoup plus fréquemment des outils que les autres espèces animales. Chez les pongidés, pratiquement tous les animaux d'un groupe vont utiliser l'outil. En revanche, chez les singes du genre cercopithécidés, ces usages sont le fait de quelques individus seulement. B. B. Beck (1980) a également tenté de rassembler les différents modes d'usage d'outils selon leur fonction. Il dégage quatre fonctions de l'outil. La première est de prolonger la distance de préhension ou de saisie d'un objet : c'est le cas lorsqu'un bâton est utilisé pour atteindre un objet qui est hors de portée d'un membre préhensile. La deuxième vise à amplifier la force mécanique qui est appliquée sur l'environnement (cassage des noix, par exemple). La troisième concerne l'incorporation d'objets dans les contextes sociaux, généralement dans le but de renforcer une manifestation agressive. Enfin, la quatrième fonction permet de contrôler l'accès à des fluides, comme dans l'usage de feuilles pour absorber de l'eau. Selon les espèces et les nécessités adaptatives, l'un ou l'autre de ces différents usages fonctionnels peut se manifester. Cependant, seuls les primates effectuent des comportements d'usage d'outils qui correspondent aux quatre fonctions.

Une hiérarchie dans la complexité des usages d'outils

Une autre classification des usages d'outils a été proposée par Sue T. Parker et Kathleen R. Gibson (1977). Elle est fondée sur la complexité des manipulations d'objets qui interviennent dans ces usages. Une distinction est faite entre les *véritables usages d'outils* et les *proto-usages d'outils*. Les premiers désignent la manipulation d'un objet-but qui ne fait pas partie de l'équipement anatomique du manipulateur et qui n'est pas lié à un support. Son objectif est de changer la position, l'action ou la condition d'un autre objet, soit par l'action directe de l'outil sur l'objet, soit par une action médiate, à distance. A l'opposé, le proto-usage est conçu comme la transformation d'un objet, à la suite d'un contact entre cet objet et un support. Cette classification permet par exemple de distinguer le comportement de la mouette qui brise des moules en les laissant tomber sur des rochers (seule la moule est manipulée) des cas d'usages d'outils véritables (par exemple, le cassage des noix réalisé par les chimpanzés), où l'objet du changement (la noix) et l'agent (l'outil) sont tous deux détachés de leur support et manipulés.

La plupart des usages d'outils font appel à des représentations. Les représentations en jeu sont plus particulièrement spatiales et temporelles, dans la mesure où la réalisation de l'objectif à atteindre est souvent différée dans le temps et que le but peut être invisible au début de la séquence comportementale.

La représentation spatiale

La plupart des espèces animales se déplacent pour se nourrir, chercher des partenaires sexuels, fuir des prédateurs ou pour trouver des lieux de repos. Les déplacements liés à de telles activités supposent au minimum un point fixe (un gîte par exemple) que l'animal va quitter et auquel il devra savoir retourner. A l'exception du cas où un indice est constamment présent au point de départ ou dans le lieu de destination, l'élaboration de trajets implique la connaissance par l'animal des relations entre sa position dans l'espace et la position du ou des lieux vers lesquels il se dirige. La représentation des positions relatives des différents lieux de l'environnement et la mise en place des trajets pour les relier ont été désignés par le concept de « carte cognitive » (E. C. Tolman, 1948). Si un animal possède une organisation sous forme cartographique, il devrait être en mesure de déterminer, à partir d'une position actuelle quelconque, n'importe quel lieu de son espace vital. Cette réorganisation se traduirait, par exemple, dans l'optimisation des parcours et par le choix de nouveaux trajets.

Représentation spatiale chez les invertébrés

On a décrit chez plusieurs invertébrés (fourmi, guêpe, grillon, abeille, etc.) l'utilisation de représentations spatiales relativement élémentaires qui interviennent au cours des déplacements sur des trajets familiers. Ces représentations servent à constituer des « cartes locales » ; elles doivent être distinguées des structurations de l'ensemble des repères, constituant des « cartes globales ». Les études de Rüdiger Wehner (1983) sur les fourmis et celles de B. A. Cartwright et T. S. Collett (1983) sur les abeilles mettent en évidence chez ces insectes la construction d'images des sites qu'ils parcourent habituellement. Ces images ont la forme d'« instantanés photographiques », qui sont stockés et confrontés aux images actuelles lorsque l'insecte se trouve, par exemple, sur un site d'alimentation. Par la comparaison puis l'adéquation entre les images perçues et celles mémorisées, l'insecte parviendrait à déterminer sa position dans l'espace. Néanmoins, la correspondance entre images perçues et images stockées ne dépend pas d'une identité point par point entre les deux images. Ainsi, la guêpe fouisseuse reconnaît équivalents un arrangement triangulaire de pommes de pin et un triangle de plastique comme repères marquant l'entrée de son nid (G. Van Beusekom, 1948). De la même façon, l'abeille accepte de voir remplacer le marquage d'un lieu matérialisé par un objet plein par un cadre ne respectant que le contour de l'objet initial (B. A. Cartwright et T. S. Collett, 1983).

Le modèle des instantanés photographiques peut se complexifier et donner lieu à une mémoire de type « fichier séquentiel d'images » (G. Beugnon et R. Campan, 1989), qui repose sur l'usage d'une suite d'images ordonnées temporellement et permettant de se rendre dans divers lieux du domaine vital. La connaissance qu'a l'insecte de son espace familier lui permet non seulement de retrouver des lieux familiers, mais aussi d'élaborer des trajets nouveaux. Une telle capacité atteste qu'on peut déjà trouver chez l'insecte une sorte de carte cognitive, comme l'a montré James L. Gould (1986) chez l'abeille *Apis mellifera*.

Carte cognitive chez l'abeille

Des abeilles sont entraînées individuellement à parcourir un trajet entre la ruche et un lieu (A) situé 150 mètres à l'ouest, où de la nourriture est déposée (cf. figure 5). Après avoir effectué ce trajet pendant quelques jours, l'abeille est capturée à la sortie de la ruche et déplacée dans le noir jusqu'à un lieu (B) situé 160 mètres au sud de la ruche, où elle est relâchée (le point B n'est pas visible du point A). Deux situations au moins peuvent se présenter à l'abeille : soit elle reconnaît le site B comme faisant partie d'un itinéraire qui mène à un lieu où du nectar a été trouvé antérieurement ; l'abeille devrait alors prendre cette route pour rentrer à la ruche (route 2). Soit elle utilise les repères visibles au point B pour déterminer la direction du point A et parcourir le trajet B-A (route 1), même si elle n'a jamais pris cette route auparavant.

Dans ce cas, l'abeille aurait intégré sa connaissance des repères sous la forme d'une carte. Dans cette situation expérimentale, J. L. Gould (1986) constate qu'aucune des abeilles déplacées n'est retournée à la ruche après avoir été relâchée en B. En revanche, toutes les abeilles testées se sont rendues directement en A. La direction choisie est d'une très grande précision (324 degrés, plus ou moins 16 degrés), par rapport à la direction prédite (330 degrés). On peut remarquer que si les abeilles avaient utilisé une séquence d'images familières, elles seraient d'abord retournées à la ruche, puis auraient rejoint le point A. Le fait qu'elles se soient rendues directement au lieu A à partir du point de lâchage B suggère, selon Gould, une véritable représentation cartographique de l'espace chez l'abeille, représentation qui lui sert de support pour planifier le trajet nouveau.

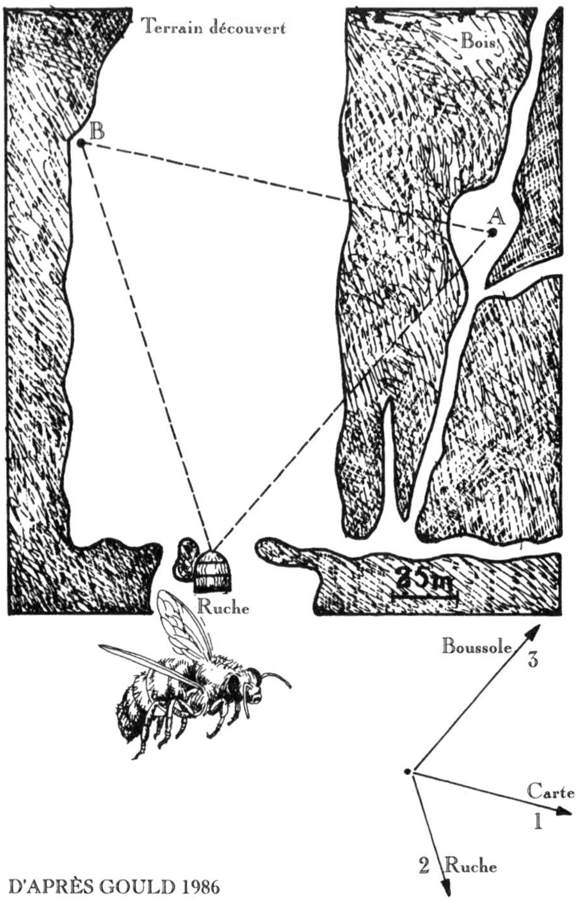

Figure 5. Plan de la zone expérimentale utilisée par J. L. Gould pour l'étude des « cartes cognitives » chez l'abeille. Les axes 1, 2 et 3 représentent les trois routes possibles de l'abeille à partir du point de lâchage B. Le parcours 1 réalise un trajet original et nouveau entre deux lieux du domaine vital : il rend compte d'une organisation de l'espace sous forme de « carte cognitive ». Le parcours 2 correspond au trajet de retour au nid. Le trajet 3 renvoie à l'utilisation par l'abeille d'une boussole solaire.

Navigation ou simple pilotage ?

L'étude de J. L. Gould semble démontrer dans la mémoire de l'abeille une représentation des relations géométriques entre différents lieux d'un environnement familier. Une hypothèse aussi forte ne pouvait qu'inciter les chercheurs à reproduire les conditions de l'expérience originale. Ces tentatives n'ont pas abouti aux résultats de J. L. Gould. Les abeilles testées par R. Wehner et R. Menzel (1990) et par Fred C. Dyer (1991) ne prennent pas le raccourci menant de B en A (solution 1), mais volent directement vers la ruche (solution 2) ou utilisent leur boussole (solution 3) pour s'engager dans la direction (c'est-à-dire vers A, lieu habituel où se trouve le nectar) qu'elles s'apprêtaient à prendre au moment de leur capture à la sortie de la ruche. Si ces résultats ne confirment pas l'hypothèse de la carte cognitive, F. C. Dyer montre toutefois que des abeilles relâchées en B se rendent directement en A, à la condition d'avoir eu au préalable un entraînement sur le trajet B-A. L'abeille n'aurait donc pas recours à une carte cognitive, au sens où on l'entend pour des vertébrés supérieurs. Son système d'orientation ferait cependant preuve d'une grande souplesse pour utiliser les différentes représentations mémorisées du paysage dans lequel elle se déplace.

Carte cognitive chez le chimpanzé

Pour illustrer la généralité du phénomène de représentation spatiale dans le monde animal, considérons une espèce très éloignée de l'abeille dans l'échelle zoologique : le chimpanzé. Une étude (cf. figure 6) réalisée par Emil W. Menzel (1973) sur un groupe de chimpanzés fournit un exemple frappant de restructuration de l'information acquise au cours des déplacements dans l'espace et d'invention de nouveaux trajets. Huit animaux vivent dans un enclos d'environ 4 000 mètres carrés. Dans cet enclos, un expérimentateur cache de la nourriture en dix-huit lieux différents, en empruntant un parcours délibérément compliqué pour se rendre d'un emplacement à l'autre. Un chimpanzé, juché sur les épaules d'un second expérimentateur qui suit le premier, est en mesure d'observer l'emplacement des différents points où la nourriture a été cachée. L'animal informé (appelé « leader ») rejoint ensuite ses congénères et le groupe entier est lâché dans l'enclos. On relève alors les comportements de recherche du leader et des autres individus (« suivistes »), ainsi que leurs trajets dans l'enclos. L'expérience montre que les leaders retrouvent presque tous les aliments cachés. Mais surtout les leaders visitent les lieux approvisionnés en prenant un chemin plus court que celui emprunté par l'expérimentateur : ils utilisent une stratégie de moindre distance. Ainsi, dans les conditions de l'expérience de E. W. Menzel, le chimpanzé manifeste la capacité d'une véritable réorganisation des trajets, dont le modèle sous-jacent est celui de la géométrie euclidienne.

Différences entre la représentation spatiale de l'abeille et celle du chimpanzé

D'emblée, une première différence, d'ordre quantitatif, est évidente entre les deux espèces : alors que le chimpanzé relie à l'aide de trajets uniques dix-huit points de l'espace (et ce nombre est certainement en deçà de ses capacités), l'abeille ne fait que relier deux emplacements par un trajet original. Mais il existe une seconde différence, d'ordre qualitatif. Lors des tests de contrôle, J. L. Gould (1986) a relâché des abeilles à plusieurs centaines de mètres de la ruche, et donc dans une aire vraisemblablement située hors de leur domaine familier. Dans de telles conditions, les abeilles ne rentrent pas et se perdent. Le fait que les tests de E. W. Menzel aient été conduits dans un espace clos bien connu de ses chimpanzés ne permet pas de trancher quant aux capacités de ces primates évolués et celles de l'abeille. Les résultats de l'expérience contrôle de J. L. Gould indiquent néanmoins que la carte spatiale de l'insecte est limitée à certaines zones spécifiques du domaine vital (G. Beugnon et R. Campan, 1989). Le primate, quant à lui, pourrait utiliser un système représentatif allocentré, c'est-à-dire qui inclurait la structuration d'un ensemble (quelconque) de lieux de l'environnement par rapport à un centre quelconque.

Des babouins détectent des objets nouveaux

La réaction aux objets nouveaux peut fournir des indices pour évaluer la connaissance qu'ont les animaux de l'environnement et des changements qui s'y produisent. Anne Joubert et Jacques Vauclair (1986) ont réalisé une étude sur une troupe de quatorze babouins du Sénégal (*Papio papio*), installée dans un enclos de 640 mètres carrés. L'enclos est parsemé de nombreuses pierres, branchages, d'un arbre mort et d'une construction en bois de 4,5 mètres de haut, sur laquelle peuvent grimper les babouins. Le protocole expérimental a consisté à placer chaque jour (en l'absence des singes) un objet nouveau (pomme de pin, coquillage, os, etc.) dans différents lieux de l'enclos, et cela pendant douze jours consécutifs. La troupe de babouins a donc été confrontée chaque jour à un objet nouveau et, simultanément, dès le deuxième jour, aux objets des jours précédents. L'étude des approches et manipulations des objets nouveaux et « anciens » montre, d'une part qu'onze objets sur douze sont découverts très rapidement (entre 30 secondes et 3 minutes) après l'entrée dans l'enclos de la troupe ; d'autre part, que l'objet nouveau est, à une exception près, exploré en premier. Enfin, les babouins ont réagi très vite à des changements même minimes dans leur environnement familier. Ces comportements attestent chez ces animaux une connaissance de l'espace et des objets qui correspond bien au concept de carte cognitive. D'autres résultats de l'expérience précédente fournissent des arguments supplémentaires en faveur de l'existence de l'hypothèse de la carte. Premièrement, à en juger par la diminution significative des contacts entre la première et la seconde présentation de l'objet, il apparaît qu'une seule présentation est suffisante pour que le babouin reconnaisse et mémorise l'objet comme un objet connu. En deuxième lieu, les objets nouveaux sont surtout manipulés (c'est-à-dire touchés, pris en main et parfois transportés), tandis que l'objet ancien est surtout exploré visuellement ou flairé. Cela suggère qu'une vérification sommaire de l'objet, même à distance, est suffisante pour le reconnaître comme ayant déjà été perçu.

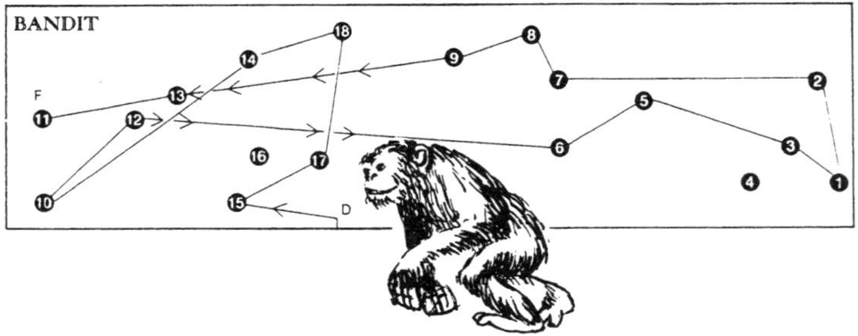
BANDIT
F
D

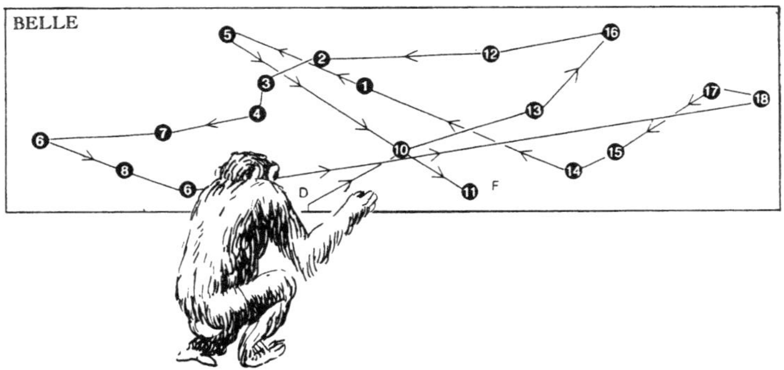
BELLE
D
F

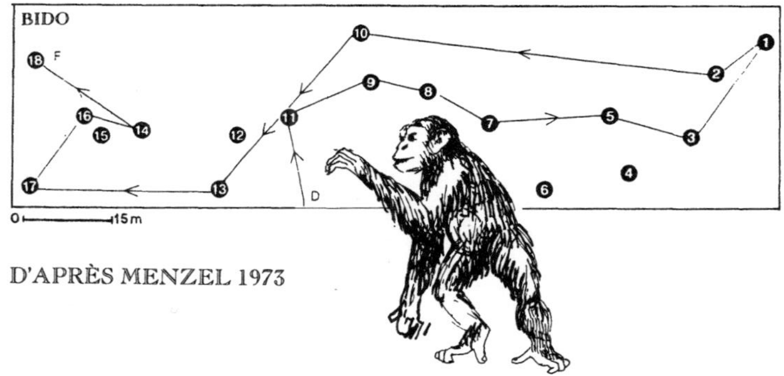

D'APRÈS MENZEL 1973

Figure 6. Trajets suivis par trois chimpanzés dans l'expérience de Menzel. D et F indiquent respectivement le début et la fin de chaque trajet. Les numéros désignent l'ordre dans lequel les emplacements ont été montrés au chimpanzé au cours de la dissimulation de la nourriture. Les trajets représentés ici constituent les trois meilleurs parcours de Belle, Bandit et Bido. Sur l'ensemble des essais et pour tous les animaux testés, 12,8 emplacements en moyenne ont été retrouvés à chaque essai. Les résultats montrent que les chimpanzés ne se rendent pas aux points approvisionnés en reproduisant l'ordre dans lequel les cachettes ont été montrées. Ils semblent plutôt avoir organisé leurs déplacement à partir d'une représentation cartographique. Les lieux de cette « carte » sont organisés selon une règle de type « moindre distance », c'est-à-dire visiter un maximum d'emplacements en minimisant les déplacements.

Mémoire spatiale et manipulation de l'information visuelle chez le babouin

J'ai par ailleurs étudié les capacités de cette même troupe de babouins à localiser des emplacements où de la nourriture est cachée (J. Vauclair, 1990*a*), en adaptant le protocole de E. W. Menzel, car les singes n'étaient pas apprivoisés. Comme il n'était donc pas question de transporter un babouin dans l'enclos, la localisation des objets alimentaires pendant leur camouflage ne pouvait s'effectuer qu'à distance. La tâche était donc plus difficile que dans l'expérience avec les chimpanzés. Des observations préalables montrent que les babouins retournent fréquemment des pierres, vraisemblablement pour y chercher des insectes, qui font partie de leur régime alimentaire. Ce comportement de retournement a été retenu pour nos expériences. Aucun entraînement n'a été nécessaire, les babouins ont compris immédiatement ce qu'il fallait « faire ». Les emplacements possibles des caches dans l'enclos sont matérialisés par des pierres (n = 135 ; poids moyen d'une pierre : 5 kilogrammes). Au cours d'une expérience test, un expérimentateur cache d'abord successivement une noisette sous certaines pierres sélectionnées (selon les expériences, entre quatre et dix pierres à chaque essai). Pendant cette phase de camouflage, les singes, retenus dans un tunnel barreaudé surplombant l'enclos, peuvent voir l'expérimentateur. Une fois tous les emplacements approvisionnés, les singes sont lâchés dans l'enclos, où ils peuvent retourner les pierres pour chercher les noisettes.

Les babouins ont de plus été soumis à une condition de contrôle, à savoir une situation de recherche des aliments sans vision préalable de l'expérimentateur qui les a cachés. Tous les objets alimentaires ont été découverts en condition test, alors que, en condition contrôle, à peine plus des deux tiers ont été retrouvés. Les temps de découverte sont de même significativement différents selon les conditions : ainsi le groupe de babouins a mis, en moyenne, trois fois plus de temps en condition contrôle qu'en condition test. La rapidité manifestée par les babouins et leur efficacité à retrouver les noisettes en condition test suggèrent que c'est bien une information visuelle prise à distance qui guide leur comportement de recherche.

Figure 7. Les babouins retournent spontanément les pierres disséminées dans leur enclos. Ce comportement est retenu pour étudier leur mémoire des lieux.

Ces mêmes babouins, testés dans d'autres situations spatiales (J. Vauclair, 1990*a*) de distribution dissymétrique des aliments dans l'enclos (par exemple, trois cachettes à droite et deux cachettes à gauche), ont réagi de façon différente à ces distributions : un grand nombre d'entre eux se sont d'abord rendus dans la zone comprenant la plus forte densité de pierres approvisionnées. Les réactions du groupe de babouins dans cette dernière expérience démontrent qu'une double intégration est réalisée par la carte cognitive : l'acquisition de représentations sur l'espace ainsi que sur les événements s'y déroulant (comme le prévoyait déjà E. C. Tolman en 1948). Ce double rôle fonctionnel de la carte, qui prend en compte simultanément les lieux de l'espace (avec les trajets qui les relient) et les objets ou événements associés à cet espace, a été généralement oublié dans les usages postérieurs à E. C. Tolman de la notion de carte cognitive (J. Vauclair, 1987*a*). Ainsi, des auteurs comme John O'Keefe et Lyn Nadel (1978), qui ont remis au premier plan le concept de carte cognitive, définissent l'espace comme une catégorie kantienne, c'est-à-dire comme « un espace absolu existant en l'absence d'objets » (p. 86).

Selon John J. Gibson (1966), appréhender une scène en vision monoculaire (regarder d'un œil) par un petit orifice qui masque une partie du champ (la tête étant immobile) fait perdre à cette scène une partie de son caractère représentationnel. Deux babouins ont été testés individuellement : pour certains essais, l'animal avait la possibilité d'observer la scène de camouflage en vision binoculaire, alors que, pour d'autres essais, la localisation de la pierre approvisionnée n'était possible qu'en vision réduite, monoculaire. Les résultats obtenus ont été très comparables pour les deux singes. Ils n'ont pas été affectés dans leurs performances (nombre de retournements et temps mis pour retrouver la pierre correcte), selon que l'information avait été perçue dans l'une ou l'autre des conditions de vision.

Le recours à la vidéo, dans deux expériences supplémentaires, a permis de préciser les capacités de représentation visuelle de ces deux babouins (J. Vauclair, 1990*c*). Dans une première expérience (appelée TV1), les déplacements de l'expérimentateur qui cache la nourriture sont présentés *via* un téléviseur couleur, placé en face d'une fenêtre, dans le tunnel où les singes assistent habituellement à la scène de camouflage de la nourriture (cf. figure 8). L'usage d'un tel dispositif revient en fait à fournir à l'animal une information sur un support bidimensionnel, offrant une vision réduite de l'enclos et masquant une partie de sa périphérie, notamment le premier plan. Les pierres servant de cachettes, au nombre de cinquante, sont disposées dans une partie de l'enclos. Premier fait remarquable : les deux babouins se sont instantanément adaptés aux conditions totalement nouvelles pour eux, à savoir la vision d'un écran de télévision, puisqu'ils ont retrouvé dès le premier essai les pierres munies d'appâts. Sur l'ensemble de l'expérience, les deux sujets ont obtenu d'excellentes performances, dans la mesure où seulement environ 15 % de leurs découvertes peuvent être attribuées à une recherche au hasard. Une seconde expérience (TV2) consiste à présenter une vue de l'enclos totalement nouvelle pour les deux babouins.

Pour ce faire, la caméra a été placée à 4 mètres de hauteur et à environ 15 mètres de sa position initiale. L'image ainsi obtenue constitue une vue aérienne de l'enclos déplacée d'environ 45 degrés par rapport à la perspective habituelle. Les courbes

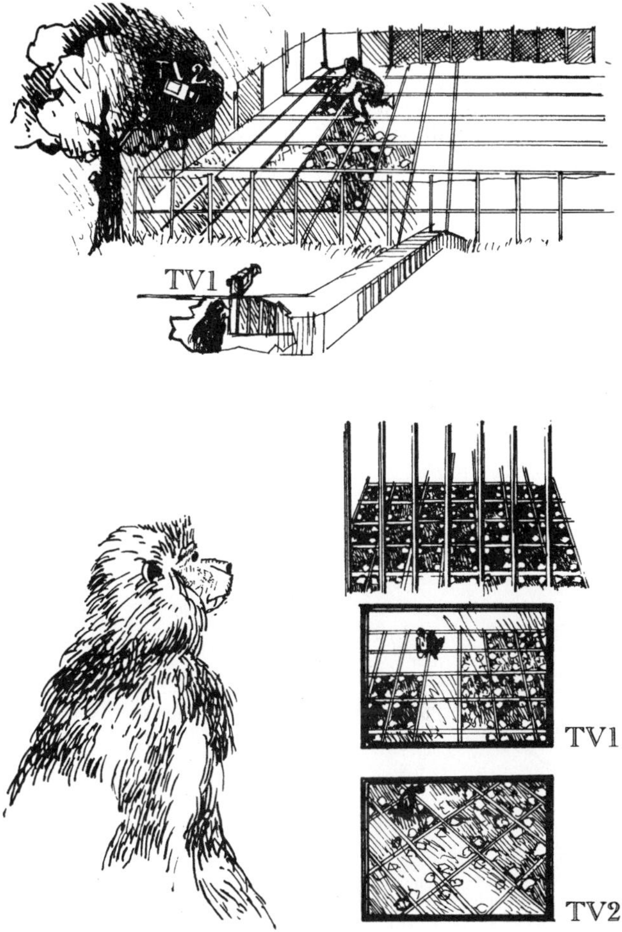

Figure 8. L'expérimentateur cache des noisettes sous certaines pierres pendant qu'un babouin l'observe depuis le tunnel qui conduit de l'animalerie à l'enclos. En situation TV1, l'expérimentateur est filmé et le babouin peut suivre la séquence de camouflage sur un écran de télévision. Dans la condition expérimentale TV2, la caméra filmant l'expérimentateur est installée dans un arbre, de façon à montrer une vue aérienne de l'enclos avec une rotation de 45 degrés par rapport à la perspective habituelle.

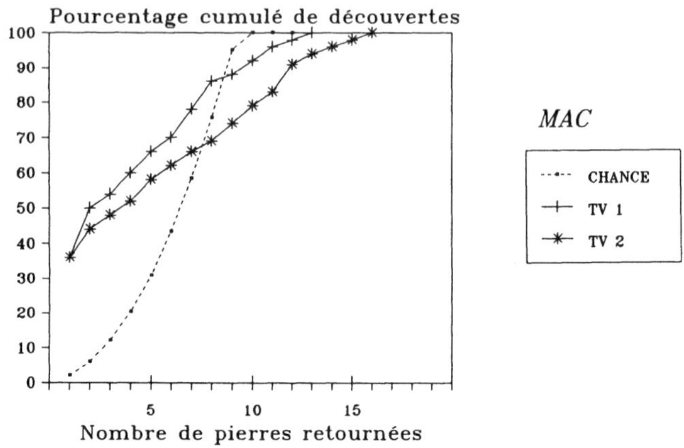

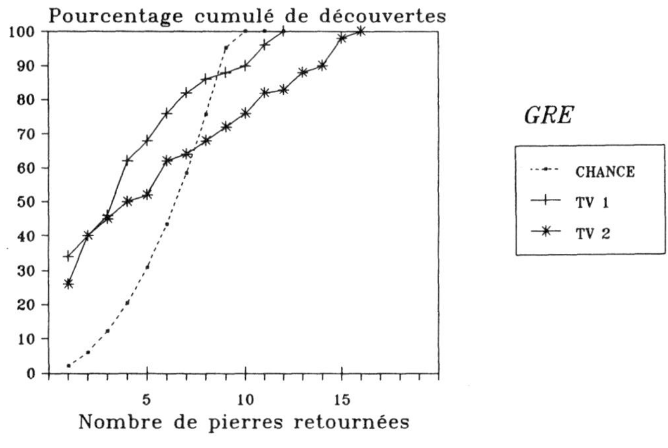

Figure 9. Performances de deux babouins, Mac et Gre, dans les conditions expérimentales TV1 et TV2. En TV1, Mac et Gre retrouvent l'objet caché du premier coup dans plus du tiers de leurs retournements. Les performances des deux babouins sont globalement inférieures en condition TV2 ; cependant, les deux babouins retrouvent les noisettes lors du premier retournement pour un pourcentage non négligeable d'essais (36 % pour Mac et 26 % pour Gre).

de performances sont inférieures à celles de l'expérience TV1 (cf. figure 9), dans la mesure où un tiers des découvertes de chaque singe peuvent être attribuées au hasard. Cependant, un pourcentage non négligeable de découvertes (respectivement 36 % et 26 % pour chaque animal) ont été effectuées sans erreur, c'est-à-dire lors du premier retournement. L'analyse des erreurs a révélé en outre que les sujets n'ont pas toujours répondu au hasard en cas d'échec. Certains retournements laissent à penser, en effet, que le singe a confondu les côtés de l'enclos, comme par exemple lorsqu'il a retourné une pierre dans la zone située à la droite de l'enclos alors que la pierre approvisionnée était située dans le fond. Une telle confusion est vraisemblablement due à l'effet de la « rotation » de l'image de 45 degrés par rapport à la vision habituelle du dispositif.

Que conclure de la représentation spatiale chez l'animal ? Le concept de carte cognitive de E. W. Menzel est utilisé dans un sens descriptif, métaphorique et non explicatif (E. W. Menzel, 1978). Aussi, nos connaissances actuelles sur la façon dont l'animal construit et utilise cette carte pour déterminer des trajets sont-elles sommaires. Néanmoins, certaines propriétés peuvent être dégagées. Une carte peut ainsi fonctionner *localement* (cf. les cas de reconnaissance des configurations spatiales chez l'insecte), mais elle peut aussi avoir un caractère de *globalité*, quand elle intègre différents lieux et les relations entre ceux-ci. L'expérimentateur peut d'ailleurs tester la nature cartographique des représentations qui ont été constituées, lorsque l'animal planifie des déplacements nouveaux ou réalise des trajets comme les détours et les raccourcis.

L'utilisation d'une carte pour trouver une position dans l'espace nécessite d'établir une correspondance entre ce qui est perçu et ce qui est mémorisé sous forme d'images sur la carte (C. R. Gallistel, 1989). Cette correspondance obligée permet de s'interroger sur le *niveau d'abstraction* qui régit la mise en relation entre la perception et l'image stockée sur la carte. Comme l'ont montré B. A. Cartwright et T. S. Collett (1983), des insectes sont capables de se libérer d'une stricte correspondance point par point entre la perception et la représentation. L'investigation des limites des capacités d'abstraction de l'animal a également été abordée dans mes recherches, où j'ai utilisé des techniques vidéo pour étudier le niveau de traitement des informations visuelles dans des tâches de mémoire spa-

Les limites des capacités d'abstraction des primates :

La perception intermodale désigne la capacité d'abstraire et de transférer des informations entre différentes modalités sensorielles. Les travaux conduits par Richard K. Davenport et son équipe avec des primates (chimpanzés, orangs-outans et macaques) sont, à cet égard, particulièrement remarquables, dans la mesure où ils ont permis d'explorer systématiquement les limites des capacités représentatives des espèces testées quant à l'intégration entre le sens tactile et la vision.

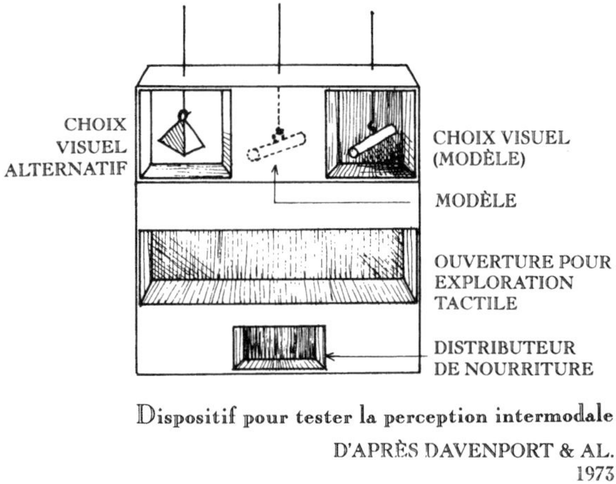

Figure 10. Dispositif expérimental utilisé pour les expériences de perception intermodale. Trois objets sont présentés au cours de chaque essai : deux objets sont visibles derrière une fenêtre (une pyramide et un cylindre), tandis que le troisième objet ne peut être exploré que par voie tactile (le cylindre central). Cet objet constitue le modèle que l'animal devra apparier à son homologue visuel.

La technique utilisée est celle de l'appariement à un modèle ; elle permet une comparaison immédiate ou différée des stimuli dans deux modalités, en l'occurrence les modalités visuelle et tactile. Trois objets sont par exemple présentés à l'animal. Il peut voir deux d'entre eux et seulement toucher le troisième. Un des deux objets présentés visuellement est identique à celui exploré par voie tactile, tandis que l'autre objet est nettement différent. L'animal va toucher l'objet, puis il pourra observer les deux autres. Il choisira l'objet apparié, en mettant par exemple sa main contre l'objet visible ou sur la vitre derrière laquelle il est présenté (cf. figure). Si le choix est correct, le sujet reçoit une récompense alimentaire. Un préapprentissage est réalisé pour l'exploration tactile, l'observation visuelle et la réponse de choix. Dans une-première étape, un très grand nombre d'essais sont effectués avec trois objets. A chaque essai, l'objet à apparier est choisi au hasard. Quand cet appariement est réussi, les animaux sont soumis à un minimum de quarante problèmes, en recourant pour chaque problème à des objets nouveaux. Les animaux ne disposent que d'un seul essai pour effectuer l'appariement. Il faut noter qu'un même problème peut être différemment proposé à l'animal : il commence soit par l'exploration tactile, soit par l'exploration visuelle. Les quatre résultats importants issus des recherches conduites avec des chimpanzés et des orangs-outans peuvent être résumés ainsi (R. K. Davenport et C. M. Rogers, 1970, 1971 ; R. K. Davenport, C. M. Rogers et I. S. Russel, 1975) :

1) les deux espèces d'anthropoïdes sont capables de perception intermodale des objets tridimensionnels, quelle que soit la modalité de départ choisie pour le test effectué ;

2) cette capacité à reconnaître l'équivalence entre objets perçus à travers des canaux sensoriels différents est encore présente lorsque les stimuli visuels sont proposés sous la forme de photographies grandeur nature de l'objet à apparier ;

3) même si l'on dégrade certaines propriétés du stimulus, en utilisant par exemple des photographies très contrastées des objets, des photos demi-format ou encore une simple esquisse de l'objet, on constate que les animaux sont encore capables de réaliser le transfert intermodal ;

4) l'intervention d'un délai (de 15 à 30 secondes) entre la présentation dans une modalité et la reconnaissance dans l'autre modalité n'altère pas de manière significative la performance des animaux. On observera que le transfert entre modalités tactilo-kinesthésique et visuelle a été obtenu également avec des non-anthropoïdes, comme le macaque rhésus (D. R. Malone, J. C. Tolan et C. M. Rogers, 1980 ; J. C. Tolan, C. M. Rogers et D. R. Malone, 1981). Toutefois, les macaques, à la différence des anthropoïdes, n'atteignent plus le critère de réussite quand ils ont à apparier un objet exploré tactilement à une simple esquisse visuelle de ce même objet. Plus récemment, E. S. Savage-Rumbaugh, R. A. Sevcik et W. D. Hopkins (1988) ont démontré que deux chimpanzés, entraînés à manier des symboles graphiques (voir le chapitre 6), établissent l'équivalence intermodale entre des objets explorés par voie tactile et leurs représentations graphiques (arbitraires). Par ailleurs, un autre chimpanzé, testé par ces mêmes chercheurs, a correctement apparié des symboles graphiques aux mots anglais correspondants.

L'ensemble de ces résultats montre que des primates sont capables de combiner des informations obtenues par deux canaux sensoriels distincts pour identifier un objet. En outre, une telle équivalence persiste pour des propriétés restreintes, voire pour les symboles des objets proposés. De telles capacités, liées au transfert d'information entre modalités accessibles sous une forme abstraite ou symbolique, renforcent la thèse de l'intervention de processus de représentation dans ce type de traitement.

Représentation du temps

En plus de la gestion de leur espace, les animaux sont confrontés à celle du temps. La base des traitements temporels est située dans une horloge biologique engendrant des rythmes, eux-mêmes liés au fonctionnement d'oscillateurs prédéterminés.

Les comportements de la plupart des animaux se manifestent le plus souvent selon une périodicité régulière : celle-ci peut être très brève, comme pour les battements d'ailes d'un oiseau, ou plus ou moins longue, comme dans les comportements alimentaires ou la locomotion. Le rythme le plus fréquemment observé est le rythme circadien, à périodicité d'environ vingt-quatre heures. Dans la majorité des cas, les horloges biologiques sous-jacentes à cette rythmicité se synchronisent sur des indicateurs temporels, dont le plus important est l'alternance jour/nuit.

La référence à des horloges internes constitue le premier mécanisme de régulation temporelle. Mais l'animal peut, en outre, élaborer des discriminations temporelles en fonction du caractère variable des stimulations rencontrées. De la même manière qu'un animal effectue des évaluations dans son espace (longueur d'un trajet), il est aussi capable d'évaluer la durée d'un intervalle entre deux événements. La construction par l'animal de représentations temporelles a été démontrée dans une expérience de Russell M. Church et John Gibbon (1982) sur des rats. A chaque essai, le rat est soumis à un stimulus temporel (son d'une durée déterminée) ; à la fin du son, le rat peut appuyer sur un levier pour recevoir de la nourriture. On définit une durée particulière, appelée durée de renforcement, au terme de laquelle l'appui est récompensé. En revanche, si la durée du stimulus temporel est plus longue ou plus courte que la durée choisie comme référence, le rat ne reçoit pas de récompense. Les rats s'ajustent rapidement à cette situation en diminuant leurs appuis lors des temps trop courts ou trop longs, non récompensés, et en augmentant leurs réponses à la durée renforcée.

Ces représentations s'installent vraisemblablement grâce à l'intervention de mécanismes appelés « comparateurs », faisant correspondre la représentation d'événements passés avec le cours des événements présents dans lesquels l'animal agit (J. Gibbon et L. Allan, 1984).

tiale. Ces travaux ont révélé des capacités d'abstraction surprenantes chez le babouin. L'utilisation systématique de ces techniques vidéo peut s'appliquer aussi bien aux comportements mettant en jeu la locomotion et les déplacements du corps dans l'espace qu'à l'organisation des représentations spatiales liées aux coordinations œil/main. La souplesse de ces techniques permet d'appréhender avec précision l'extension et les limites des capacités d'abstraction en rapport avec l'organisation spatiale. Pour la mémoire spatiale, une extension possible de mes expériences consisterait à manipuler systématiquement l'information apportée par le support télévisuel et mesurer les effets de ces changements sur la représentation. On pourrait ainsi montrer au singe une image de l'enclos prise à 180 degrés par rapport à son angle de vue habituel. On pourrait également ne présenter sur l'écran que la zone immédiate des emplacements approvisionnés, ou encore une image de l'enclos et de ses objets reconstituée par digitalisation informatique.

4. La cognition sociale

Position du problème

L'étude des processus cognitifs chez l'animal a été envisagée jusqu'ici dans des situations mettant en jeu un sujet et des stimuli ou objets de son environnement physique. De nombreux exemples, concernant les espèces les plus variées, ont montré que la réalité extérieure est filtrée, analysée et traitée par le sujet. Aussi l'approche la plus convaincante pour prendre en considération ces phénomènes au niveau comportemental postule l'intervention de représentations. Une autre question concerne les mécanismes en jeu dans la vie relationnelle des animaux. La plupart des espèces animales sont en permanence engagées dans un réseau d'échanges sociaux intenses. La gestion des rapports sociaux fait-elle appel aux mêmes processus de traitement que ceux observés dans le traitement des stimuli physiques ou inertes ?

Selon plusieurs primatologues (par exemple A. Jolly, 1966 ; N. Humphrey, 1976 ; H. Kummer, 1982), les pressions pour développer les processus cognitifs sont les plus fortes dans le domaine social. L'intelligence aurait évolué à la suite de besoins d'abord apparus dans la vie sociale (dans les contextes de compétitions, d'alliances, etc.). Ces besoins impliquent, à des degrés divers, une manipulation des congénères. Quelles relations peut-on dégager entre les capacités cognitives utilisées dans la manipulation des objets de l'environnement physique et celles mises en œuvre dans les interactions sociales ? Je soutiens l'hypothèse que la cognition est un phénomène unitaire. Les deux réalités (sociale et non sociale) se réfèrent à un « software » cognitif commun, comme l'écrit Elizabeth Bates (1979) à propos des compétences communicatives et des schèmes sensori-moteurs de manipulation d'objets et de contrôle des relations moyens/buts chez le jeune enfant.

Il serait toutefois naïf de postuler que ces deux domaines, et donc leurs types d'objets, ne diffèrent pas entre eux. Parmi les plus évidentes de ces différences, on peut relever que lorsqu'un sujet agit sur un objet physique, celui-ci « résiste », tandis que lorsque ce même sujet agit sur l'objet social, celui-ci, le plus souvent, réagit ou « répond ». Ces modes de contact différents supposent qu'instruments de l'action et mécanismes de régulation de l'action soient aussi différents dans les deux domaines. L'action des effecteurs guidés par les informations provenant des organes sensoriels est probablement suffisante pour traiter l'objet physique, alors que les objets sociaux feront en plus appel à d'autres « instruments », comme les mimiques, les gestes et les vocalisations.

Le problème de savoir si la cognition est spécifique avant d'être appliquée à d'autres domaines, comme l'ont suggéré certains auteurs (L. S. Vygotsky, 1985 ; P. Rozin, 1976), ne se pose pas forcément dans les mêmes termes pour l'homme et pour l'animal. Chez l'homme, la perception du monde physique est en grande partie symbolique, dans la mesure où le monde des objets est doté de significations et appréhendé à travers des règles sociales. Cette affirmation n'est plus soutenable concernant l'animal. Selon certains chercheurs (D. L. Cheney et R. M. Seyfarth, 1985, 1990), l'intelligence animale ne se réalise pleinement *que* dans la sphère sociale. Pourtant, les exemples présentés jusqu'ici révèlent que les animaux sont capables d'effectuer des traitements complexes sur des objets physiques, inertes. S'il est impossible, dans l'état actuel des connaissances, de trancher ce problème ardu, quelques directions de recherche méritent d'être présentées.

Étudier la cognition sociale

La démarche expérimentale qui consiste à isoler un stimulus pour faire varier de façon contrôlée certains de ses paramètres est couramment utilisée en psychologie pour l'étude des objets inertes. Par objet inerte, on entendra différents objets de l'environnement physique, à l'exception des congénères ou d'autres espèces animales. Cette démarche est en revanche très peu employée en psychologie animale pour la manipulation expérimentale de variables sociales. Deux raisons peuvent rendre compte de cette négligence. D'une part, il est souvent très difficile de décider quelle est la ou quelles sont les modalités pertinentes dans un ensemble de stimuli intervenant au cours d'un échange communicatif. D'autre part, en admettant qu'on ait pu identifier les paramètres significatifs dans cet ensemble, il est aussi souvent impossible de les extraire du contexte pour tester expérimentalement leurs effets.

Certains travaux expérimentaux, réalisés sur le terrain ou en laboratoire, ont néanmoins résolu cette gageure. Les plus spectaculaires ont porté essentiellement sur des mammifères, et plus particulièrement sur des primates. Une littérature abondante concerne les tentatives d'enseigner, à l'aide d'intermédiaires divers (langage des gestes, signaux arbitraires), certains éléments du code linguistique à des anthropoïdes (voir au chapitre 6 les études de R. A. et B. T. Gardner, de D. Premack, de D. M. Rumbaugh). Ces études sont considérées à part, car elles concernent pour l'essentiel des expériences réalisées dans les conditions du laboratoire, hors du contexte de communication et d'échanges entre congénères. En effet, même si ces travaux ont trait à la communication entre membres d'espèces différentes (en l'occurrence le singe et l'homme), cette forme de communication, au statut incontestablement intéressant, ne peut être assimilée aux modes de communication développés à l'intérieur de l'espèce. Les pages qui suivent se limiteront ainsi à l'exposé des recherches expérimentales sur les représentations sociales élaborées par des primates au cours des échanges quotidiens avec leurs partenaires.

La reconnaissance vocale chez les vervets

Pour communiquer, les primates utilisent essentiellement les informations acoustiques. C'est pourquoi les échanges interindividuels liés à l'usage des vocalisations constituent un comportement particulièrement riche à étudier. La reconnaissance des vocalisations chez le singe vert, ou plus simplement vervet (*Cercopithecus aethiops*), a été bien analysée. Son étude présente un double intérêt. D'une part, les animaux vivent en liberté. D'autre part, les procédures de tests respectent les critères d'une expérience de laboratoire (par exemple l'usage de situations de contrôle). Les chercheurs Dorothy L. Cheney et Robert M. Seyfarth en 1980 se sont posé trois questions : 1. Les femelles adultes réagissent-elles aux vocalisations des jeunes ? 2. Les mères reconnaissent-elles leur progéniture ? 3. Une femelle peut-elle reconnaître les enfants d'autres femelles ?

L'expérience (cf. figure 11) a été réalisée en milieu naturel (parc d'Amboseli, au Kenya) sur quatre femelles vervets et leurs progénitures respectives (deux mâles et deux femelles, âgés de deux ans et demi). Dans un premier temps, les cris des jeunes sont enregistrés ; trois ou quatre cris d'une durée d'environ sept secondes sont retenus. Dans une deuxième phase, on attend que la mère d'un des jeunes choisis soit non seulement hors de la vue de son enfant, mais de plus à côté de deux autres mères. Les enfants de ces dernières sont, eux aussi, hors de leur vue. Quand ces conditions sont réunies, un haut-parleur est placé dans un buisson. Il diffuse les vocalisations de l'enfant d'une de ces mères. Les trois mères sont filmées dix secondes avant la diffusion des cris et quarante-cinq secondes après. L'analyse concerne les regards des mères (orientations de la tête) en direction de la source sonore. Au moment où les vocalisations sont diffusées, les trois femelles dirigent leurs yeux vers le haut-parleur. Mais la mère du jeune dont on a diffusé le cri a des latences plus courtes que les autres femelles et regarde plus longtemps dans la direction du haut-parleur. Ce résultat permet de répondre favorablement à la première question. Les mères sont effectivement capables, uniquement sur la base d'une information acoustique, de classer les jeunes en deux catégories : progéniture et non-progéniture.

Mais, si les femelles sont capables d'identifier les cris de leur enfant, peuvent-elles aussi reconnaître ceux des enfants des autres et, mieux, peuvent-elles associer « une » mère aux cris d'un jeune particulier ? La comparaison des réactions des femelles « témoins », avant et après la diffusion des vocalisations d'un des jeunes, montre que leurs regards se sont intensifiés de manière significative en direction de la mère concernée par les vocalisations. Ce résultat peut toutefois faire l'objet d'une double interprétation : soit les femelles regardent la mère concernée parce que cette dernière réagit vivement aux vocalisations (la mobilisation de l'attention de la mère entraîne celle des autres femelles), soit elles savent reconnaître spécifique-

Figure 11. Expérimentation en milieu naturel pour l'étude de la reconnaissance vocale chez le singe vervet. Les vocalisations d'un jeune singe sont diffusées à un groupe de mères à partir d'un haut-parleur caché dans les buissons. Voir le texte pour la description des différents contextes de l'expérience.

ment les cris du jeune particulier et savent également associer par ses cris un enfant particulier à une mère particulière. L'analyse des essais où la mère concernée ne s'est pas orientée vers le haut-parleur a permis de trancher. Dans ce cas, les femelles « témoins » ont quand même dirigé leurs regards dans la direction de la mère, et cela bien que celle-ci ne manifeste aucun intérêt aux vocalisations de sa progéniture. Ce dernier résultat amène les auteurs à conclure que les femelles vervets sont capables d'attribuer les cris au jeune qui les a émis et d'établir une relation entre ce jeune et sa mère.

Les « concepts » sociaux chez le macaque

a) La filiation

Détermination des relations de filiation

Chez les primates non humains, les seuls liens de filiation qui sont établis de façon certaine par les observateurs concernent ceux avec la mère. C'est pourquoi, quand les auteurs parlent de filiation, il faut entendre que celle-ci se rapporte à l'ascendance maternelle ou, selon l'expression plus technique, aux lignées matrilinéaires.

Comme l'audition, la vision joue aussi un rôle important dans les échanges et dans la reconnaissance interindividuels chez les singes. Une expérience intéressante est celle réalisée par Verena Dasser en 1987. L'objectif : tester la capacité chez des femelles macaques à former un « concept » de *filiation*, plus spécifiquement celui en rapport avec l'ascendance maternelle.

Cette expérience a été menée avec des macaques de Java (*Macaca fascicularis*) vivant en condition semi-naturelle dans un vaste enclos (V. Dasser, 1987*a*). La procédure utilisée pour tester les connaissances sociales des macaques fait appel, entre autres, à une technique classique dans l'apprentissage discriminatif : celle de l'appariement à un modèle. Le sujet est en face de trois diapositives. La première diapositive, placée au centre du dispositif, représente l'animal qui est le stimulus positif (le modèle) pour un essai donné. Les autres diapositives représentent l'une le modèle photographié selon une perspective nouvelle et l'autre un macaque étranger. Le sujet testé doit choisir une de ces deux dernières diapositives en pressant un bouton situé sous celle qu'il sélectionne. Si la diapositive choisie est celle qui représente le modèle, l'appariement est correct et le sujet reçoit une récompense alimentaire.

Dans cette situation, les sujets sont confrontés à des diapositives en couleur des individus du groupe, prises selon des angles de vue différents. Dans un premier temps, les trois femelles macaques testées ont correctement apparié le modèle à une de ses représentations photographiques. Après s'être assurée que les macaques ont bien compris la tâche et qu'ils traitent les photographies comme les objets réels, V. Dasser (1988) effectue le test proprement dit. Le modèle est donc la mère, le terme positif de l'alternative son enfant et le terme négatif un jeune de même âge et de même sexe. L'entraînement est réalisé sur deux dyades mère/enfant : cinq erreurs sont autorisées par bloc de vingt essais. Le test de généralisation consiste à présenter des stimuli nouveaux, à savoir des dyades mère/enfant nouvelles par rapport à celles qui ont été appariées au cours de la phase d'entraînement. L'effet de la ressemblance physique est contrôlé en présentant des diapositives de mères actuelles et celles d'enfants prises trois années avant le test. Les résultats du test montrent que l'appariement est réussi dans 90 % des cas. Toutefois, les deux sujets expérimentaux ont des difficultés pour réaliser l'appariement quand le décalage de trois ans est introduit. Dans cette dernière condition, le seuil statistique choisi pour établir la reconnaissance n'a pas été atteint.

Dans cette expérience, la discrimination réalisée par les deux sujets ne consiste pas uniquement en une discrimination entre membres d'une lignée matrilinéaire par opposition à des non-membres, dans la mesure où, pour les essais tests, les stimuli négatifs représentaient huit fois sur neuf des individus ayant des liens de parenté avec le modèle. Les réponses correctes des deux sujets au test de généralisation suggèrent que les appariements ne sont pas réalisés sur la base de la seule connaissance de l'identité des animaux à catégoriser : c'est plutôt l'utilisation d'une catégorie plus abstraite équivalant au « concept » de filiation mère/enfant qui semble guider les choix.

b) La dominance

La dominance est inférée par l'expérimentateur qui observe les relations « agonistiques » (interactions mettant en jeu des rapports de dominance/soumission) au sein d'un groupe d'animaux. V. Dasser (1987*b*) s'est demandé si, conformément à la structuration des relations anticipée par l'expérimentateur, le macaque possédait lui-même un « concept » de dominance, établi à partir des rapports hiérarchiques existant au sein du groupe où il vit.

Le test utilise une procédure de discrimination simultanée : deux diapositives sont présentées à chaque essai. Elles représentent trois femelles adultes (toujours les mêmes pour la phase d'entraînement), qui ont entre elles une relation de dominance : A > B > C. A chaque essai, la femelle B est appariée soit avec la femelle A, soit avec la femelle C. Le choix de l'élément dominant par le sujet expérimental est renforcé positivement par une récompense. Le sujet répond en poussant un bouton situé sous la diapositive sélectionnée. Le test proprement dit consiste à présenter des paires nouvelles comportant des individus mâles et femelles (ils sont cependant appariés par sexe). Vingt-huit essais au total ont été effectués, une paire différente étant présentée à chaque fois. La procédure expérimentale prévoit que, grâce à ces combinaisons différentes, la position dans la hiérarchie de dix individus sur les seize inclus dans l'expérience change au moins une fois. Les choix réalisés par les sujets indiquent qu'ils répondent à partir d'une représentation sociale asymétrique (hiérarchique), extraite des relations dans le groupe. Cette asymétrie correspond à celle que l'expérimentateur décrit sous le label de dominance.

En conclusion, cette recherche suggère que le singe en groupe ne répond pas seulement à un comportement social particulier, en l'occurrence une réaction d'agression pour la dominance, mais qu'il répond à la relation elle-même avec ses propriétés, comme la transitivité. Il existe ainsi chez le macaque une construction de la structure sociale à partir de certaines régularités associées à des facteurs comme l'âge ou le rang hiérarchique.

Ces travaux suggèrent non seulement que les singes connaissent les individus qui composent les groupes dans lesquels ils vivent, mais encore qu'ils possèdent une connaissance plus abstraite de ces groupes. Celle-ci se révèle lors de l'étude des relations sociales de filiation et de dominance. Enfin, les interactions sociales complexes caractérisant la vie des singes supposent la maîtrise de certaines relations dotées de propriétés de type logique, comme l'inférence transitive.

Discussion sur la cognition sociale

Les primates, testés en laboratoire avec des objets, sont confrontés à des problèmes qui, du point de vue logique, sont identiques à ceux auxquels ils ont à faire face dans leur vie sociale en milieu naturel. Cependant des différences considérables sont observées entre ces deux contextes, à savoir par exemple que la transitivité dans les rapports sociaux apparaît spontanément, tandis qu'un long apprentissage est nécessaire pour la voir émerger dans le contexte du laboratoire. Plusieurs exemples de ces traitements d'objets inertes seront présentés dans le chapitre suivant. Une explication possible avancée pour rendre compte de ces différences est de dire que la sélection pour l'intelligence agit surtout dans le domaine social. Ainsi, au cours de l'évolution des primates, la vie en groupe aurait exercé une forte pression sélective sur les capacités à former des associations complexes, à raisonner par analogie et par inférence et, de façon générale, à savoir anticiper le comportement des congénères. A l'heure actuelle, on ne dispose pratiquement pas de données empiriques pour étayer cette hypothèse, à l'exception des recherches exposées précédemment et de quelques autres. Ainsi, pour les gallinacés, René Zayan (1987) postule une transitivité perceptive du statut social dans la formation des hiérarchies linéaires.

Pour poursuivre l'étude du rôle de la pression sociale, il faudrait systématiquement présenter à des individus des problèmes logiquement identiques, impliquant soit des congénères, soit des objets inertes. Les seules données recueillies jusqu'à ce jour avec ce paradigme (D. L. Cheney et R. M. Seyfarth, 1985) l'ont été auprès des singes verts. Elles suggèrent que les vervets sont plus performants pour traiter des stimuli sociaux que des stimuli non sociaux. Par exemple, les vervets connaissent bien la distribution spatiale des groupes de leur espèce, mais ne semblent pas connaître cette distribution pour d'autres espèces. Ainsi, avec la technique de diffusion en « play-back » des vocalisations à des groupes de vervets en milieu naturel, D. L. Cheney et R. M. Seyfarth ont observé que la diffusion aux singes des cris d'espèces qui vivent dans un milieu aquatique comme l'hippopotame provoque des réactions identiques, que ces cris soient diffusés à partir d'un milieu aquatique ou qu'ils proviennent d'un milieu aride.

Un problème de terminologie et de définition apparaît dans la conception des auteurs, qui considèrent comme non sociaux des individus appartenant à d'autres espèces que le vervet. Comme il est probable qu'un hippopotame n'est pas exactement identique à un quelconque objet physique, il serait peut-être utile, pour les discussions futures, de prendre en compte au moins trois classes ou catégories d'objets : 1) les objets sociaux, qui sont les congénères ; 2) d'autres objets, qui sont des organismes vivants possédant ou non une organisation sociale, mais qui ne sont pas des congénères ; et 3) l'objet physique, inerte.

Un argument d'un autre ordre en faveur de la théorie de la pression sélective sur les stimuli sociaux provient de la considération des modes d'échange entre singes. Ces modes sont faits d'alliances, de toilettage réciproque et de tolérance, mais n'impliquent en général pas l'échange d'objets. L'usage d'outils chez les primates pour pêcher des termites ou casser des noix, par exemple, est un phénomène vraisemblablement plus rare que l'utilisation d'un congénère comme « outil social » pour atteindre un but particulier (F. De Waal, 1982 ; H. Kummer, 1982 ; K. R. Gibson et T. Ingold, 1993 ; cf. également le chapitre 3). Un exemple de cette manipulation sociale est rapporté par Franz De Waal (1982) à propos d'un épisode de la vie quotidienne d'une troupe de chimpanzés installée au zoo d'Arnhem (Hollande). Jimmie et Tepel, toutes deux mères, sont assises à l'ombre d'un chêne pendant que leurs enfants jouent avec du sable à proximité. Entre ces deux mères se trouve Mama, une très vieille femelle, qui est assoupie en raison de la forte chaleur. Soudain, les deux enfants se mettent à crier très fort, à se frapper et à se tirer les poils. Jimmie se tourne vers eux et émet une légère vocalisation de menace, tandis que Tepel change de position. La réaction d'une des mères ne calme pas les deux enfants, qui continuent à se quereller de plus belle. Tepel réveille alors Mama en touchant plusieurs fois ses jambes. Mama se relève et Tepel lui indique les deux enfants. La vieille femelle se met alors à balancer son bras et à produire une forte vocalisation de menace. Immédiatement, les enfants cessent leur bagarre. Mama se rassied et reprend sa sieste. L'observateur de cette scène en propose l'interprétation suivante : 1) Mama est une femelle de rang élevé. 2) Les conflits entre enfants engendrent souvent des tensions entre les mères. Ces tensions sont dues au fait que, habituellement, chaque mère tente d'empêcher l'autre de se mêler à la bagarre. C'est cette situation qui s'est créée ici. Tepel l'a résolue en mettant en action un tiers, Mama, qui, apparemment, a immédiatement compris qu'on attendait d'elle un rôle d'arbitre.

Alors que les humains échangent facilement un acte altruiste contre un objet (par exemple un cadeau en remerciement d'un service rendu), une telle flexibilité dans l'échange n'est pas évidente chez le primate, chez lequel on assiste plutôt au troc d'actes dans une « monnaie sociale », par exemple le toilettage, contre des actes dans une autre « monnaie sociale », par exemple des alliances (R. M. Seyfarth et D. L. Cheney, 1984). Ces échanges, qui sont bien connus au sein des lignées matrilinéaires, se produisent également entre individus non apparentés. Ainsi, dans une expérience, D. L. Cheney, R. M. Seyfarth et B. Smuts (1986) ont utilisé leur technique du play-back des vocalisations. Ils ont diffusé auprès d'un groupe de vervets les cris produits par l'un des leurs au moment où celui-ci menaçait un autre individu et, simultanément, sollicitait l'aide d'un voisin. Cette expérience a permis de montrer que les vervets réagissent significativement plus aux vocalisations d'individus avec lesquels ils ont eu récemment des échanges altruistes (toilettage, par exemple) qu'aux vocalisations de ces mêmes individus s'ils n'ont pas eu d'échanges très récents de ce type.

Les modes d'échange des primates humains et non humains montrent que les premiers sont, entre autres, caractérisés par l'introduction d'objets. De tels usages sont beaucoup plus rares dans les interactions entre anthropoïdes ou autres espèces de primates. On examinera plus loin comment le contexte social, et plus particulièrement les premiers échanges communicatifs entre la mère et l'enfant, va organiser ces usages d'objets, qui seront au service de la communication et qui serviront aussi de supports et d'instruments pour agir sur d'autres objets.

Les études futures de la cognition sociale

L'étude systématique de la cognition sociale animale en est encore à ses débuts. L'état peu avancé des connaissances dans ce domaine est probablement dû, du moins en partie, au biais anthropomorphique, qui privilégie la connaissance de l'objet inerte au détriment de l'objet social. Il ne faut cependant pas négliger le fait que les obstacles méthodologiques rendent l'approche expérimentale de ce dernier particulièrement délicate.

Les premiers résultats recueillis permettent de définir un programme de recherche pour l'avenir. Il devrait s'articuler autour de trois axes principaux, comme le préconisent D. L. Cheney et ses collègues (D. L. Cheney *et al.*, 1986). En premier lieu, il devient urgent de pouvoir disposer de données portant sur plusieurs espèces de primates et sur des groupes d'animaux non primates. En deuxième lieu, il importe d'approfondir la recherche des relations existant, pour une espèce donnée, entre les capacités cognitives qui se manifestent en laboratoire et celles qui sont à l'œuvre dans les situations sociales naturelles. Cette quête pourrait conduire, à terme, à utiliser les performances dans les tests de laboratoire pour prédire des différences qualitatives entre les espèces étudiées dans leur milieu naturel. Troisièmement, il faudrait compléter l'étude des relations sociales naturelles et spontanées des primates par celle de leur connaissance de leur environnement physique. La connaissance du territoire et les comportements de recherche de nourriture dans ce territoire se prêtent particulièrement bien à de telles études. Les comportements spatiaux liés à l'alimentation ont, en effet, une validité écologique immédiate pour les animaux étudiés.

Ces trois axes sont indispensables pour pouvoir comprendre un jour l'intelligence sociale et celle qui s'exprime dans d'autres domaines. Ces préoccupations devraient également permettre de vérifier l'hypothèse selon laquelle l'intelligence des primates, homme inclus, a évolué face à la nécessité de maîtriser et de résoudre les problèmes complexes résultant des interactions avec les autres.

5. Recherches piagétiennes en psychologie animale

Bien que constituant un courant marginal et minoritaire en psychologie comparée, les recherches issues de la théorie de J. Piaget sur l'intelligence humaine ont connu depuis près de vingt ans un essor remarquable. Cette approche ne peut pas ne pas être mentionnée dans un ouvrage traitant de la cognition animale, car les problèmes posés sont en relation étroite avec le fondement même de la psychologie comparée. Elle permet en effet de discuter du statut à donner aux modèles et aux théories employés dans l'étude de l'intelligence animale, et plus généralement des questions se rapportant à l'élucidation des différences et ressemblances entre l'animal et l'homme.

Pour bien saisir la portée des découvertes et des interrogations auxquelles conduit l'usage de la théorie piagétienne dans le domaine du comportement animal, il est nécessaire d'esquisser brièvement les lignes de force de cette théorie, réputée complexe. Il n'est, bien entendu, pas question de se livrer ici à une explication de texte des nombreux ouvrages que J. Piaget a consacrés à ses théories, ni d'ailleurs de faire un rapport exhaustif sur l'ensemble des études expérimentales sur l'animal qu'elles ont suscitées, essentiellement sur le primate.

A propos du premier point, le lecteur qui souhaite connaître le détail de la position piagétienne est renvoyé aux deux ouvrages suivants : *Biologie et Connaissance* (J. Piaget, 1967), pour un exposé de la conception biologique de J. Piaget sur les mécanismes cognitifs, et *La Psychologie de l'enfant* (J. Piaget et B. Inhelder, 1966), pour une présentation synthétique de cette théorie du développement. Pour des informations sur le second point, la monographie intitulée *Intelligence animale. Recherches piagétiennes* (C. Dumas et F. Y. Doré, 1986) comporte une revue très complète des travaux sur l'animal.

La théorie piagétienne

Une des caractéristiques les plus remarquables de la théorie psychologique du développement intellectuel de l'enfant et de l'adolescent élaborée par J. Piaget est son ancrage dans la biologie, dans la mesure où l'intelligence constitue le prolongement de l'adaptation biologique. Les instruments qui se construisent sur le plan de l'action et de la représentation ont leurs racines dans des mécanismes plus élémentaires, comme les comportements dits instinctifs. Une telle hypothèse est évidemment séduisante pour aborder les comportements des animaux. En rejetant l'idée d'un point de départ absolu de la connaissance (comme d'ailleurs d'un point d'arrivée absolu), cette position implique une continuité entre le domaine du biologique et celui du cognitif. Pour rendre compte du passage de l'un à l'autre et des changements qui s'opèrent au cours de l'ontogenèse, J. Piaget fait appel à des concepts à la fois fonctionnels et structuraux. Il s'agit en premier lieu des processus d'assimilation et d'accommodation, qui sont les invariants fonctionnels assurant la continuité entre les plans organique et psychologique. L'élément de discontinuité est représenté par le concept de stade, qui décrit différentes structures d'action, puis des structures de représentation et enfin des structures formelles.

a) Les grandes étapes du développement de l'intelligence chez l'enfant

Pour bien saisir la signification et la portée des tests de psychologie animale inspirés de la théorie piagétienne, il est indispensable de décrire brièvement le cadre et les étapes selon lesquels l'intelligence se développe chez l'enfant. Une notion piagétienne essentielle est celle de *schème*. Un schème décrit l'organisation commune d'une classe d'actions ou d'opérations équivalentes.

La première grande étape du développement, appelée période *sensori-motrice*, s'étend de la naissance jusque vers dix-huit à vingt-quatre mois. Cette période est découpée en six stades principaux. Au début (stade 1), les schèmes réflexes dont l'enfant est équipé sont appliqués à différents objets de l'environnement, essentiellement à travers les activités de mise en bouche et de succion. Cet exercice conduit, entre le premier et le quatrième mois (stade 2), à la formation d'habitudes qui concernent exclusivement le corps propre, comme la succion du pouce ou la poursuite visuelle de la main. Ces comportements définissent ce que J. Piaget nomme les *réactions circulaires primaires*. Une réaction est dite circulaire parce qu'elle consiste en la reproduction d'une action suivie d'un effet généralement « intéressant » pour l'enfant. Entre quatre et huit mois (stade 3), apparaissent des comportements orientés vers les objets (*réactions circulaires secondaires*). Ces réactions s'appuient sur la coordination qui vient de s'établir entre la vision et la préhension. Par exemple, l'enfant de six mois tire sur une couverture et observe simultanément les résultats de son action. Au stade 4 commencent les premières mises en relation des objets entre eux, comme par exemple pousser un objet à l'aide d'un autre objet, ou encore mettre un objet dans ou sur un autre objet. Les différentes réactions circulaires vont ensuite se coordonner entre elles et donner lieu à une maîtrise progressive des relations spatiales et causales entre les objets. Cette acquisition se manifestera par la possibilité de différencier les moyens et les buts (par exemple, dans l'action de tirer sur une ficelle afin de s'emparer de l'objet attaché à l'une de ses extrémités). Au début de la deuxième année (stade 5), de nouveaux schèmes se construisent par combinaison et différenciation des schèmes antérieurs : ils donnent naissance aux *réactions circulaires tertiaires*, qui concernent les manipulations d'objets, les uns par rapport aux autres ou par rapport à des forces (la gravité, par exemple). C'est l'âge où l'enfant commence à faire des constructions avec les objets (empilements). A ce stade, l'enfant se livre aussi à des expérimentations d'actions, lorsque, par exemple, il jette un objet de sa chaise en variant la force exercée, dans le but probable d'en vérifier l'effet sur la trajectoire. Au stade 6 (vers quinze mois), les schèmes peuvent se combiner mentalement, de telle sorte qu'un schème donné (par exemple, déplacer un obstacle) est utilisé comme moyen pour activer un autre schème (par exemple, découvrir un objet caché).

Le développement cognitif de l'enfant consiste en fait à établir des *invariants successifs*. Le principal d'entre eux est sans conteste l'existence d'un objet fixe, permanent, servant d'invariant ou de support dans de multiples acquisitions au cours de l'enfance. Cet objet permanent est en effet indispensable pour l'organisation de l'espace, du temps ou de la causalité. J. Piaget a décrit six stades dans la construction de cette *permanence de l'objet*. La recherche active d'un objet qui a disparu du champ perceptif commence seulement au stade 2, et encore à condition qu'une partie de l'objet demeure visible ou que l'objet et l'obstacle qui empêche sa perception soient situés dans le champ perceptif immédiat. Au stade 4, l'objet complètement caché est retrouvé. Toutefois, ce stade est caractérisé par une limitation intéressante de la stratégie employée par l'enfant, dans la mesure où la recherche ne semble pas tenir compte de tous les déplacements visibles. Ainsi, l'enfant qui sait retrouver un objet caché dans un emplacement habituel A, s'il le voit disparaître dans un emplacement nouveau B, continuera cependant à aller le rechercher en A. Ce phénomène a été appelé erreur typique du stade 4. Au stade 5, en revanche, l'enfant n'a plus de problèmes pour maîtriser les déplacements visibles successifs. Au stade 6, il retrouvera l'objet dans sa position finale, même si celui-ci a subi des déplacements intermédiaires invisibles. Pour J. Piaget, la réussite de ce comportement indique que l'enfant est maintenant capable de reconstituer mentalement la trajectoire suivie par l'objet déplacé. A la fin de la période sensori-motrice, l'objet permanent devient l'invariant du « groupe pratique des déplacements », première organisation des objets et de leur localisation dans l'espace. Ces différents stades de la construction de l'objet correspondent à ceux qu'on vient de décrire pour l'intelligence sensori-motrice en général.

Une autre grande période est appelée *préopératoire* : elle s'étend de trois à six ans environ. Elle est caractérisée par un recours systématique à la *fonction symbolique* ou *sémiotique*. La notion de fonction symbolique (J. Piaget et B. Inhelder, 1966) désigne l'ensemble des procédés qui permettent de représenter un signifié quelconque (objet, événement) au moyen d'un signifiant différencié (geste, image mentale, signe linguistique). Grâce à ces outils, et en particulier au langage, l'action peut être conceptualisée. Elle permet alors au sujet de réaliser des inférences élémentaires, des classifications reposant sur des configurations spatiales, et de découvrir des liaisons objectives fonctionnelles entre les objets, préparant les conservations propres à la période suivante.

Vers six-sept ans apparaît la période des *opérations concrètes*, c'est-à-dire la mise en œuvre des groupements opératoires (comme la notion de nombre) et des principes physiques (notions de poids ou de volume). Ces structures de pensée, avec leurs propriétés de *transitivité* et de *conservation*, sont caractérisées par la possibilité de réaliser mentalement des transformations réversibles. Ces acquisitions sont cependant limitées au contenu concret sur lequel elles se sont construites. C'est seulement au cours de la période dite des *opérations formelles* (vers onze ans) que le sujet « parvient à se dégager du concret et à situer le réel dans un ensemble de transformations possibles » (J. Piaget et B. Inhelder, 1966, p. 103). A ce niveau du développement, la pensée de l'adolescent se déroule sur le plan hypothético-déductif, où les opérations mentales se combinent entre elles et sont appliquées directement à un contenu qui a un statut hypothétique ou propositionnel (par exemple, la capacité manifestée par l'adolescent d'utiliser l'implication logique « si... alors »).

b) Psychologie génétique et psychologie animale

Le postulat essentiel du modèle piagétien repose sur l'hypothèse que, dans le couple sujet-milieu, il y a échanges entre les deux termes et que l'adaptation est le produit de ces échanges. L'adaptation ou plutôt les adaptations qui sont réalisées ne résultent donc ni de l'émergence de structures totalement définies (préprogrammées) dès le départ, ni non plus d'une détermination absolue par les contraintes du milieu. En termes piagétiens, l'adaptation est conçue comme le résultat d'une interaction entre deux pôles indissociables, dont l'un est l'assimilation, qui traduit la structuration de l'organisme par incorporation de la réalité extérieure, et l'autre l'accommodation, qui représente les transformations de cette structuration sous l'effet de la pression du milieu. Les types d'organisation différents, engendrés par le jeu des assimilations et des accommodations et leurs variations, sont décrits à l'aide du langage des schèmes. Les schèmes et leurs combinaisons vont représenter, comme on l'a vu, l'organisation et la structure des actions. Ce langage servira à décrire et à expliciter les formes et les niveaux d'organisation des comportements, des plus primitifs (réflexes) aux plus symboliques (opérations mathématiques). Ce système interactif postule donc au départ un sujet actif, qui construit aussi bien qu'il est « construit » par le jeu des équilibres entre les assimilations et les accommodations.

Une telle position comporte plusieurs implications d'ordre théorique et méthodologique pour l'étude de l'animal. Les plus importantes sont les suivantes :

a) La théorie piagétienne offre au chercheur travaillant sur l'animal un cadre conceptuel à la fois général et précis pour étudier les comportements non stéréotypés, c'est-à-dire ceux dont la complexité ne peut être traitée de façon satisfaisante, ni à l'aide des modèles éthologiques traditionnels, ni en recourant aux théories classiques de l'apprentissage. L'emploi du langage des schèmes dans le cadre de la théorie du développement cognitif apporte une base opérationnelle et expérimentale à l'étude de la connaissance, dans la mesure où elle définit des types et des niveaux d'intelligence dont les manifestations peuvent être observées. Ces organisations cognitives s'appliquent à toutes les manifestations comportementales qui sont étudiées actuellement, comme la structuration des objets, de l'espace et de la communication. De ce point de vue, la théorie piagétienne est tout à fait d'actualité, surtout eu égard au regain d'intérêt pour les approches cognitives dans le cadre de la psychologie de l'apprentissage et de l'éthologie cognitive.

b) L'approche piagétienne du développement partage avec le courant éthologique une méthodologie commune : s'appuyer sur des observations du comportement spontané. Cette méthode tire son importance du poids qu'elle accorde au développement dans l'étude des processus cognitifs et leur explication : les structures cognitives se transforment au cours du développement, mais à partir de structures présentes à une étape antérieure. Les schèmes sensori-moteurs sont ainsi conçus comme dérivant de l'organisation réflexe, et ces schèmes vont, à leur tour, se transformer en structures opératoires à une étape ultérieure du développement.

c) Une telle conception du développement, associée à l'hypothèse de continuité des processus en œuvre entre les régulations organiques et les régulations cognitives, offre un outil puissant pour étudier les liens entre la cognition humaine et la cognition animale. La position piagétienne est en effet, du point de vue de la continuité, parfaitement en accord avec l'idée darwinienne d'une filiation entre l'homme et l'animal des « facultés mentales ». C'est d'ailleurs sur ce point précis de l'utilisation de l'approche piagétienne que la prudence est de rigueur, car les abus d'interprétation sont manifestes, comme on le verra plus loin.

Inspiration piagétienne des recherches empiriques sur l'animal

a) La permanence de l'objet

La première étude publiée sur l'animal avec une référence explicite à la théorie piagétienne concerne le développement de la *permanence de l'objet* chez le chat (H. E. Gruber, J. S. Girgus et A. Banuazizi, 1971). Des chatons sont soumis (entre la naissance et vingt semaines) à la tâche habituellement utilisée pour évaluer les réactions du bébé humain à la disparition des objets. Ainsi, un objet attractif (jouet) est déplacé et caché sous un ou plusieurs écrans (par exemple, un morceau de tissu). Chez le chaton, la construction de l'objet se développe selon la même séquence que chez l'enfant; cependant, l'animal franchit plus rapidement les étapes du développement que l'enfant, puisqu'il atteint le stade 4 dès le quatrième mois (au lieu de huit mois pour l'enfant). De plus, le niveau de permanence acquise par le chat ne semble pas aller au-delà du stade 4. En réalité, la vitesse d'exécution de la réponse du chat a empêché de tester la recherche de l'objet à la suite d'une série de déplacements visibles. Ce test a été conduit ultérieurement avec des chats de moins d'un an (C. Thinus-Blanc, B. Poucet et N. Chapuis, 1982) et avec des chats adultes (F. Y. Doré, 1986). Ces deux recherches ont montré que le chat est capable de retrouver l'objet après des déplacements visibles (stade 5), mais pas à la suite de déplacements invisibles.

Pour sa part, Ariane S. Etienne (1973) a testé des poussins domestiques âgés de trois jours, six jours et quatorze jours. Le dispositif expérimental (cf. figure 12) comporte un tube trans-

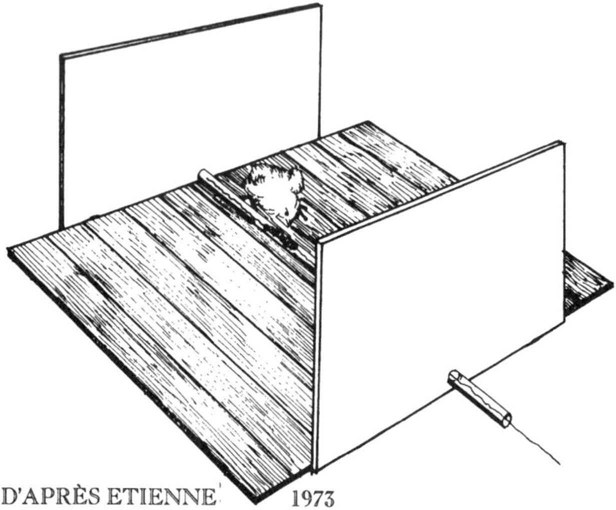

Figure 12. Dispositif pour l'étude de la permanence de l'objet chez le poussin. L'expérimentateur tire un ver de farine à l'intérieur d'un tube transparent pour le faire disparaître derrière un des deux écrans situés à chaque extrémité du tube.

parent, dans lequel l'expérimentateur tire un ver de farine afin de le faire disparaître derrière un des deux écrans situés à chaque extrémité du tube. Si les poussins ne contournent pas d'emblée l'écran derrière lequel le ver vient de disparaître, ils sont tout de même capables, après entraînement, de s'orienter directement vers l'écran correct. Cependant, ces comportements de recherche ne se généralisent pas à des situations spatiales nouvelles et n'évoluent pas non plus avec l'âge des oiseaux. On peut toutefois mentionner qu'un perroquet, entraîné à effectuer de nombreuses tâches de manipulation d'objets pendant plusieurs années, a résolu sans problème l'ensemble des items généralement utilisés pour tester la permanence de l'objet chez l'enfant (I. M. Pepperberg et F. A. Kozak, 1986).

Il existe plusieurs travaux sur le développement de la permanence de l'objet chez les primates. Tous concordent pour décrire un ordre d'apparition des stades correspondant à celui qui est observé chez l'enfant. Toutefois, certaines espèces s'arrêtent au stade 4 (singe-écureuil : R. M. Vaughter, W. Smotherman et J. M. Ordy, 1972), alors que d'autres (capucin et chimpanzé : M. Mathieu, M. A. Bouchard, L. Granger et J. Herscovitch, 1976) atteignent le stade terminal. Le chimpanzé et le gorille (S. Wood, K. M. Moriarty, B. T. Gardner et R. A. Gardner, 1980 ; M. Redshaw, 1978) parviennent même au stade 6 plus rapidement que l'enfant (dès le onzième mois pour le gorille, par exemple). De plus, leurs stratégies de recherche sont très semblables à celles observées chez l'enfant.

Il n'est pas surprenant que des animaux d'espèces diverses attribuent une existence continue aux objets, cette permanence permettant de mieux les localiser dans l'espace. La valeur adaptative de tels comportements est donc évidente, tout particulièrement pour les espèces prédatrices. La permanence de l'objet ne résulte donc pas nécessairement d'une construction ontogénétique. Dans la plupart des cas, elle apparaît plutôt comme étant préprogrammée dans le répertoire de l'espèce, ce qui n'exclut d'ailleurs pas qu'elle soit susceptible de se complexifier en fonction d'apprentissages spécifiques (A. S. Etienne, 1984). Une réelle évolution au cours du développement des conduites de permanence apparaît en revanche chez les anthropoïdes. Il serait néanmoins imprudent de conclure que, sur la base de cette ressemblance, une telle acquisition aurait une signification identique chez l'homme et chez ces primates. D'abord, les primates parviennent beaucoup plus rapidement que l'enfant à la maîtrise des stratégies de recherche de l'objet. Cette précocité de l'animal s'explique probablement par le fait que les contraintes maturationnelles ne sont pas les mêmes que chez l'enfant. On peut ainsi évoquer la locomotion qui est fonctionnelle beaucoup plus précocement chez la plupart des primates non humains (fin du premier mois) que chez l'enfant humain. Comme j'ai tenté de le montrer (J. Vauclair, 1982, 1984*a*, et aussi G. Spinozzi et F. Natale, 1986), cette maturation précoce déterminerait des rapports particuliers avec les objets. En effet, la possibilité d'approcher les objets et de les manipuler par le déplacement de tout le corps met le jeune primate devant la nécessité de maîtriser les relations objectives, à savoir spatiales entre objets. Ce contrôle spatial n'est pas forcément exigé d'un sujet humain qui va rester pendant de longs mois dans un rapport spatial plus ou moins stable avec les objets. Ensuite, comme on l'a vu précédemment, la permanence de l'objet ne résulte pas d'une acquisition isolée, puisqu'elle est contemporaine d'un ensemble de conduites, comme l'organisation de l'espace, de la causalité et des schèmes de manipulation d'objets. En conséquence, il serait dangereux de conclure sur la base des seuls résultats au test de permanence de l'objet que l'intelligence sensori-motrice est identique chez l'animal et chez l'enfant, comme l'ont fait certains auteurs (par exemple, E. Triana et R. Pasnak, 1981). Pour pouvoir avancer l'hypothèse de l'analogie, il faudrait montrer que les autres acquisitions sont aussi présentes, ce qui, comme on va le voir, est loin d'être le cas.

b) L'espace et la causalité

La maîtrise des rapports spatiaux au cours des déplacements (par exemple, la possibilité d'effectuer des détours ou de prendre des raccourcis) a été abordée dans deux études sur le gorille.

Margaret Redshaw (1978) a montré que, chez le jeune gorille comme chez l'enfant, la construction de l'espace est orientée vers une objectivation progressive qui intégrerait les congénères, les objets de l'environnement et le sujet lui-même. Comme pour l'objet permanent et en liaison avec cette notion, le gorille est, pour cette acquisition encore, en avance sur l'enfant.

Elisabetta Visalberghi (1986) propose à un gorille de dix-sept mois une situation expérimentale consistant à localiser un récipient parmi quatre autres disposés en carré. Le sujet est placé soit dans la position d'observation habituelle où il voit l'expérimentateur cacher la nourriture, soit à 180 degrés ou 90 degrés de cette position. Le gorille trouve sans problème le récipient dans la position habituelle, mais ne sait pas compenser l'effet des rotations changeant la perspective de 90 degrés et 180 degrés. En cas d'échec, il applique une stratégie de recherche, consistant à faire systématiquement le tour de tous les récipients. On peut noter à propos de ces réactions du gorille que l'apparition de comportements stéréotypés est fréquemment observée dans les conduites spatiales animales en cas de difficulté de la tâche ou de surapprentissage (pour un exemple sur le chien, cf. C. Fabrigoule, 1986). Ces stratégies, même si elles paraissent peu évoluées du point de vue de ce qui est observé chez l'enfant (la conduite de la visite systématique de tous les récipients n'a pas été observée chez des enfants d'âge comparable à celui du gorille testé par Visalberghi), conduisent cependant à des performances correctes et sont donc adaptées du point de vue de l'animal.

La compréhension de certaines relations de causalité entre les objets a été étudiée chez deux chimpanzés (âgés de deux à trois ans : M. Mathieu *et al.*, 1980). Les tests impliquaient la détection d'un lien de causalité à la suite d'une manipulation. La cause était soit visible (par exemple, appui sur un bouton pour provoquer un effet visuel), soit invisible (mécanisme dissimulé sous une table actionnant un jouet). Enfin, l'usage d'outils a été testé chez ces chimpanzés, comme tirer sur un râteau pour amener vers soi de la nourriture. Les performances des deux sujets ne sont pas homogènes, mais le plus avancé d'entre eux a manifesté des conduites qui sont caractéristiques de la fin du stade 5 et du début du stade 6, en recherchant la cause (rétroaction causale) et en anticipant l'effet, une fois la cause identifiée.

c) Les manipulations d'objets

L'examen des manipulations d'objets est souvent réalisé dans le cadre des études sur le jeu (par exemple, D. K. Candland, J. A. French et C. N. Johnson, 1978). La théorie piagétienne offre également, avec le développement des différents types de réactions circulaires, un outil comparatif intéressant pour l'étude des comportements orientés vers les objets. Les recherches ont porté sur des primates, à l'exception d'une étude comparative entre le chien et le loup, où les animaux ont été soumis à des tests consistant à manipuler des boîtes présentant des problèmes de difficulté variable pour se procurer un aliment (H. et M. G. Frank, 1985).

L'observation d'un macaque entre la première semaine de sa vie et l'âge de six mois a révélé que ce jeune primate réalisait de nombreux contacts avec les objets de son environnement (S. T. Parker, 1977). Toutefois, les manipulations réalisées par le macaque diffèrent de celles observées chez l'enfant. En effet, la complexité des manipulations du macaque, centrées sur le corps propre, pourrait correspondre aux réactions circulaires primaires ; cependant, la circularité en est généralement absente, puisque chacun des différents comportements est rarement répété systématiquement, comme c'est le cas chez l'enfant. Cette relative pauvreté des schèmes manipulatoires du jeune primate face aux objets physiques est confirmée par une autre étude sur le macaque et sur le gorille (G. Spinozzi et F. Natale, 1986). Deux chimpanzés manifestent de multiples réactions circulaires primaires et, dès cinq mois, des réactions circulaires secondaires comparables à celles qui sont observées chez l'enfant (M. Mathieu et G. Bergeron, 1981). Une autre étude menée chez trois chimpanzés de huit à onze mois et un sujet humain du même âge (J. Vauclair et K. A. Bard, 1983) a révélé que les jeunes chimpanzés se livraient à de multiples manipulations d'objets. Ces dernières revenaient à tenir simplement l'objet ou à le déplacer sur son support en faisant faire, par exemple, des mouvements de va-et-vient à un cube sur le sol. En revanche, l'enfant manipulait l'objet seulement après l'avoir détaché de son support. Cette libération de l'objet lui a permis d'en explorer les caractéristiques et surtout de le mettre en relation avec d'autres objets. Ces activités annoncent les réactions circulaires tertiaires qui jouent un rôle crucial dans l'investissement que l'enfant humain fait dans les objets inertes, manipulés pour eux-mêmes.

Le jeune anthropoïde ne développe donc pas, au cours de sa première année, le même type de comportements avec l'objet inerte que l'enfant. Par ailleurs, le mode d'échange du jeune primate fonctionne sur un registre qui privilégie les interactions de type vocal, gestuel et émotionnel au détriment de l'objet inerte. Le fait que les jeunes chimpanzés ne semblent pas être intéressés par les objets inertes au même degré que l'enfant humain d'âge comparable ne signifie pas que des activités complexes (telles que celles liées à l'usage d'outils, par exemple) ne vont pas être acquises par des animaux adultes ou préadultes (cf. chapitre 3).

Cette particularité, qui représente certainement une des différences capitales entre l'espèce humaine et les primates, sera développée au chapitre 6, dans une discussion plus générale sur la communication et le langage.

d) Maîtrise des concepts par l'animal

Examinons les tentatives d'adapter au primate les tests piagétiens élaborés pour l'étude de l'intelligence humaine au cours de la période des opérations concrètes. L'intérêt de les présenter ici est triple. Premièrement, ces tests sont intéressants par l'ingéniosité dont les chercheurs ont fait preuve pour transmettre à l'animal une consigne qui est, dans la plupart des cas, donnée verbalement à l'enfant. En deuxième lieu, ces tâches expérimentales sont complexes et exigent un niveau d'abstraction qui surpasse celui des expériences rapportées sur ce sujet jusqu'ici. Enfin, comme les chercheurs disposent d'un étalonnage des tests établi avec l'enfant, ils peuvent se livrer à des comparaisons interspécifiques sur le niveau atteint (réussite ou échec) et sur les stratégies de résolution. Les exemples, relativement peu nombreux dans ce domaine, concernent les capacités inférentielles (comme l'inférence transitive : si A = B et B = C, alors A = C) chez le chimpanzé et chez le singe-écureuil et le problème de la conservation des quantités chez le chimpanzé.

La situation expérimentale typique pour aborder le *raisonnement inférentiel* chez l'enfant consiste à lui présenter une série d'objets qui ont entre eux une relation donnée (« plus long », ou « plus lourd », par exemple). L'enfant doit, dans un premier temps, juger les rapports de paires adjacentes (par exemple, A est plus long que B ou E est plus long que F). Pour tester sa capacité inférentielle, on lui propose ensuite des éléments non adjacents, comme B et F, et il doit évaluer la relation entre ces deux éléments. Ce protocole a été employé avec trois chimpanzés (D. D. Gillan, 1981). Quatre paires de stimuli adjacents (des récipients de taille et de couleur différentes, de A jusqu'à E) ont été présentées. Le sujet a appris que E contient plus de nourriture que D, D plus que C, C plus que B et B plus que A. Mis face à une paire nouvelle non adjacente (par exemple BD), l'animal a choisi systématiquement le récipient D. Des capacités inférentielles du même type ont été également observées chez le singe-écureuil pour des séries d'objets présentant une relation de poids (« plus lourd » ou « plus léger » : B. O. McGonigle et M. Chalmers, 1977).

Dans le test classique de la *conservation des liquides*, deux récipients identiques contenant la même quantité de liquide sont présentés à un enfant qui doit juger la relation entre les deux quantités. Une fois le jugement d'identité affirmé par l'enfant (dès cinq ans), on transvase devant lui le contenu d'un des récipients dans un nouveau récipient de forme différente des deux premiers (par exemple, plus haut et plus étroit). Les réactions au transvasement sont différentes avec l'âge. Les sujets « non conservateurs » (vers six ans) réagissent en déclarant que les quantités ont changé et justifient le changement en invoquant la hauteur du niveau de liquide : ainsi, lorsque le liquide est versé dans un récipient étroit, ils disent qu'il y a plus de liquide parce que « c'est plus haut ». Après une phase de transition, les sujets « conservateurs » (vers sept à huit ans) concluent que la quantité est identique dans les deux récipients et justifient leur jugement par un argument de réversibilité (reconstitution mentale du transvasement) ou d'identité (du type « c'est toujours le même liquide » ou « on a rien enlevé et rien ajouté »).

Cette tâche a été adaptée (cf. figure 13) pour tester une femelle chimpanzé nommée Sarah (G. Woodruff, D. Premack et K. Kennel, 1978). Avant de réaliser le test, Sarah a appris à manipuler des pièces en plastique représentant des « mots » (actions, objets, qualificatifs, dont les jugements « même » et « différent »). L'expérience comporte trois phases, un entraînement, un test et un contrôle. Dans la première phase, le chimpanzé juge de la similitude des quantités entre deux récipients contenant un liquide coloré. Trois paires de récipients de forme différente sont utilisées. Pour la moitié des essais, la quantité de liquide est identique dans les deux récipients, alors qu'elle diffère pour l'autre moitié. Dans les deux cas, Sarah choisit significativement la réponse correcte. Pour tester la conservation proprement dite, soit les chercheurs appliquent la procédure habituelle de transvasement du liquide d'un des récipients dans un récipient de forme et de taille différant de l'original, soit ils modifient la quantité lors du transvasement (en retranchant ou en ajoutant un peu de liquide), de telle sorte que le niveau de liquide soit le même dans les deux récipients. Dans les deux cas, Sarah répond correctement (88 % de choix corrects pour l'identité et 71 % pour la différence). Pour vérifier que Sarah maîtrise la notion de conservation et qu'elle ne se contente pas de juger à partir d'une estimation perceptive, une expérience de contrôle est réalisée. Pour ce faire, le trans-

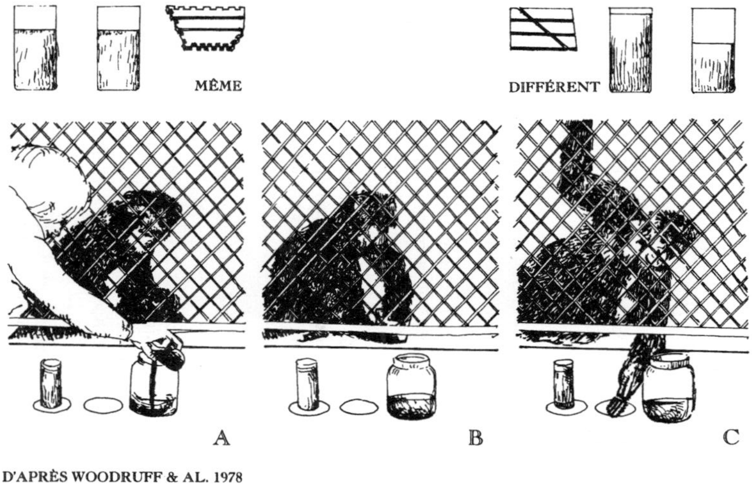

Figure 13. Test de la conservation des liquides chez le chimpanzé. a) L'expérimentateur, après avoir montré à Sarah deux récipients identiques contenant chacun la même quantité d'un liquide coloré, transvase le contenu d'un récipient dans un récipient plus large. b) L'expérimentateur tend ensuite à Sarah une boîte contenant les deux « mots » (morceaux de plastique) « même » et « différent » et quitte la pièce. c) Sarah ouvre la boîte, choisit le mot « même » et le place au centre du cercle entre les deux récipients.

vasement est effectué hors de la vue de Sarah, qui n'a sous les yeux que le résultat. Dans ce cas, les performances chutent. Le fait que la seule estimation perceptive du résultat conduise Sarah à moins de jugements exacts que l'observation de la transformation est l'indice, pour les auteurs, que le chimpanzé

Mémoire de configurations visuelles

En psychologie, différentes catégories de mémoires sont classiquement distinguées. Une de ces catégories est appelée mémoire à court terme, parce qu'elle est caractérisée par une capacité de stockage limitée et par un oubli très rapide. La deuxième catégorie contient un grand nombre d'informations dont l'oubli sera progressif : *c'est la mémoire à long terme*. Une autre distinction est aussi proposée par les psychologues pour souligner les différentes modalités de récupération de l'information en mémoire, à savoir l'opposition entre reconnaissance et rappel (ou évocation). Dans l'activité de rappel, il n'y a pas de contact perceptif direct entre le stimulus et le sujet. Ce dernier devra faire un effort de recherche et décider ensuite si l'information retrouvée est bien celle qui était recherchée. Dans la situation de reconnaissance, les stimuli sont présents au moment où le sujet donne sa réponse. Le sujet n'aurait qu'à se livrer à une activité de discrimination, revenant à identifier le stimulus qui a été perçu antérieurement. Les nombreuses investigations expérimentales sur l'homme ont systématiquement montré la supériorité de la reconnaissance sur le rappel : l'individu peut reconnaître une information alors qu'il est incapable de se la rappeler. L'interprétation de cet avantage fait l'objet de multiples controverses (G. Tiberghien et P. Lecocq, 1983). Pour en revenir aux études sur la mémoire animale, les chercheurs ont essentiellement utilisé un protocole de reconnaissance pour réaliser leurs expériences et négligé les phénomènes de rappel (par exemple, W. K. Honig et P. H. R. James, 1971 ; D. L. Medin, W. A. Roberts et R. T. Davis, 1976 ; N. E. Spear et R. R. Miller, 1981). Si l'étude du rappel n'a pas été abordée chez l'animal (pour une exception notable, cf. D. Premack, 1975), c'est vraisemblablement parce que ces phénomènes sont conçus comme se rapportant exclusivement à des informations de nature linguistique, et donc inaccessibles pour l'étude d'espèces ne possédant pas le langage. Il est cependant parfaitement possible d'étudier expérimentalement les processus mnémoniques chez l'animal grâce à des tâches d'évocation ou, comme je les ai plutôt désignées, de reproduction. Si, dans la procédure de reconnais-

est capable de raisonnement inférentiel portant sur des quantités. La présence de cette capacité de conservation a d'ailleurs été confirmée chez un autre chimpanzé (M. J. Muncer, 1983), en utilisant une procédure différente d'évaluation des quantités en termes de « plus » et de « moins ».

chez le chimpanzé

sance, l'animal apprend à identifier entre deux ou plusieurs stimuli (objets) celui qui a été perçu antérieurement, avec la procédure de reproduction, il devra reconstruire le stimulus auquel il a été exposé. Dans le premier cas, le chercheur recueillera des réponses à deux états possibles : correct ou incorrect. Dans le second cas, il disposera de réponses qui sont le produit d'une activité dont il pourra décrire le déroulement dans l'espace et dans le temps. Ainsi, j'ai conduit, en collaboration avec Howard A. Rollins et Ronald D. Nadler, du Yerkes Primate Research Center d'Atlanta, une étude de la reproduction de configurations visuelles chez de jeunes chimpanzés (J. Vauclair, 1983 ; J. Vauclair, H. A. Rollins et R. D. Nadler, 1983). Les stimuli sont constitués de cellules munies chacune d'un contact électrique, qui s'allument sur un cadre comportant vingt-cinq cellules. L'allumage simultané de deux, trois, quatre ou cinq cellules sur le cadre définit une configuration. Elle est présentée brièvement, puis éteinte. Après un intervalle de temps donné, l'animal peut reproduire la configuration en pressant le contact au centre de chaque cellule. Seules les cellules correctement reproduites s'allument alors. Les réponses correctes sont enregistrées, ainsi que les erreurs et d'autres paramètres de la réalisation de la tâche, comme l'ordre des reproductions et le temps de réponse entre les différents contacts. A l'aide de ce protocole, il est possible d'évaluer si l'animal a appris à mémoriser des positions fixes plus ou moins dépendantes d'un repérage (séquences de réponses motrices spécifiques) ou s'il a, au contraire, « intériorisé » la forme elle-même (il s'agit ici de formes simples, composées de deux segments, par exemple un L). Les chimpanzés se sont adaptés très rapidement à l'expérience et ont, dans l'ensemble, reproduit les configurations avec une grande précision.

D'autres expériences ont ensuite été menées afin de repérer les propriétés des configurations (par exemple, le nombre et l'orientation des éléments ou la symétrie de la forme) pertinentes pour les reproductions. Des configurations relativement complexes et

→

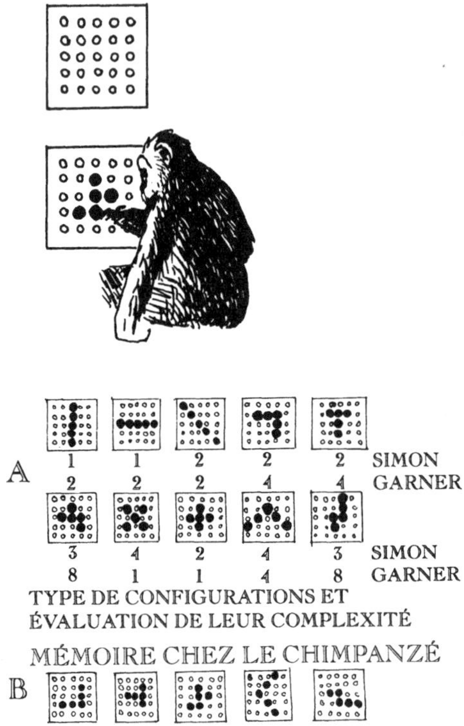

Figure 14. Configurations présentées aux chimpanzés dans le test de mémoire de reproduction. a) Les différentes configurations et leur évaluation selon les deux systèmes de codage. b) Les configurations présentées au chimpanzé au cours du test de généralisation.

définies selon deux modèles empruntés aux théories de l'information (W. R. Garner, 1974 ; H. A. Simon, 1972) ont été proposées aux chimpanzés (J. Vauclair et H. A. Rollins, 1984). Le code proposé par H. A. Simon est fondé sur le minimum de règles nécessaires pour engendrer une configuration donnée. Par exemple, une seule règle est nécessaire pour engendrer une ligne verticale : le code correspondant sera donc 1. Une oblique aura en revanche le code de valeur 2, puisque, pour l'engendrer, il faut effectuer un déplacement simultané, par exemple vers la gauche et de haut en bas. Selon ce système, la complexité d'une forme donnée est fonction du nombre d'éléments qui la composent et de leur orientation. Le système d'évaluation de W. R. Garner est fondé sur le nombre de configurations différentes obtenues par rotation de 45 degrés de la forme et par sa réflexion sur ses axes horizontaux et verticaux. Par exemple, une forme en X est de niveau 1, puisqu'une rotation de 90 degrés et une réflexion sur les axes conduisent à la forme de départ. En revanche, une figure en forme de T est de niveau 4, parce que quatre configurations uniques peuvent être formées par rotation et réflexion. Le système de W. R. Garner utilise une propriété globale de la forme, à savoir la symétrie. Il fait l'hypothèse que les formes à symétrie élevée constituent des « bonnes formes », donc plus faciles à reconnaître et à reconstruire. Le système de H. A. Simon s'appuie sur une décomposition des éléments constituant la figure. L'application de l'un ou l'autre des systèmes d'évaluation conduit à des quantifications différentes. Ces dernières sont utilisées comme prédicteurs des reproductions et permettent de faire des hypothèses sur la manière (globalement ou par décomposition) dont les chimpanzés appréhendent les configurations. Les résultats suggèrent que la précision des reproductions dépend du nombre des éléments composant les configurations et de leurs changements d'orientation. De plus, les chimpanzés ont manifesté une généralisation immédiate de leurs reproductions à certaines variantes des configurations de départ (figures ayant subi une rotation de 45 degrés). Ce dernier résultat suggère que l'animal n'a pas répondu à une cellule isolée, mais qu'il a bien codé et donc représenté la forme elle-même. Nous avons enfin comparé nos données aux constructions réalisées par de jeunes sujets humains confrontés à des tâches identiques. Il ressort de cette comparaison un parallélisme frappant entre enfants et chimpanzés dans la façon de traiter les informations visuelles. Les enfants avant l'âge de sept à huit ans, comme les jeunes chimpanzés testés, n'utilisent pas la symétrie dans leurs reproductions. Un certain niveau cognitif (entre autres, la maîtrise des opérations de réversibilité), apparemment non atteint par les jeunes chimpanzés, semble ainsi être nécessaire pour pouvoir appréhender la propriété de symétrie des figures.

Les animaux savent-ils compter ?

De nombreuses tentatives ont été faites pour étudier la *compétence numérique* chez l'animal. Selon la perspective piagétienne, on peut rappeler que le nombre, en tant qu'acquisition intégrant et fusionnant les deux dimensions de cardinalité et d'ordinalité, se construit chez l'enfant qui a atteint la période des opérations concrètes (six-sept ans). Avant cette étape, l'enfant est, bien entendu, capable d'évaluer perceptivement des collections numériques (concept de numérosité) et de désigner verbalement des petites collections d'objets contenant moins d'une dizaine d'éléments. Au début de ce siècle, un cheval surnommé « Hans le malin » fut célèbre en Allemagne pour ses compétences à résoudre des problèmes d'arithmétique, en tapant avec son sabot sur le sol le nombre qu'on lui demandait de calculer. Le public était fasciné par les performances de Hans, qui laissèrent pourtant sceptique le psychologue Oskar Pfungst. En observant attentivement Hans et son maître, O. Pfungst (1908) démontra que le cheval détectait des mouvements de tête involontaires et de très faible amplitude que le maître produisait quand le nombre de coups de sabot correspondait à la bonne réponse. Il en conclut que Hans était plus fort pour le langage du corps que pour le langage mathématique.

La compétence numérique des animaux a fait l'objet de plusieurs approches expérimentales. Les études contemporaines du comptage chez les animaux sont cependant difficiles à réaliser et à interpréter par suite de la confusion dans la terminologie employée et dans la définition même du concept de nombre. Certains parlent en effet de nombre dès le stade de la numérosité (simple évaluation perceptive d'ensembles différents d'objets), alors que, pour d'autres, ce concept est lié aux différentes opérations (addition, soustraction : H. Davis et R. Pérusse, 1988 ; S. T. Boysen et E. J. Capaldi, 1993). Les cas formellement établis de comptage chez l'animal sont très rares. Toutefois, plusieurs études ont montré que des animaux appartenant à divers groupes zoologiques pouvaient réaliser des apprentissages en rapport avec une des dimensions constitutives du nombre. Trois exemples illustreront ces capacités liées au concept de nombre. En testant plusieurs espèces d'oiseaux (corbeaux, choucas, pigeons), Otto Koehler (1960) a pu montrer que l'oiseau parvient à repérer le nombre de taches (de couleur, de forme et de disposition différentes) placées sur le couvercle de boîtes et à se servir de cet indice pour identifier la boîte contenant une récompense. Par ailleurs, un rat est entraîné à entrer dans le quatrième tunnel (petite boîte) qui fait partie d'un ensemble composé de six tunnels identiques (H. Davis et S. A. Bradford, 1986). La distance entre les tunnels varie et on contrôle tout repérage olfactif éventuel. Le rat localise correctement le tunnel sur la seule base de sa position ordinale et il apprend très rapidement à s'orienter ainsi. Tetsuro Matsuzawa (1985) a appris à un chimpanzé de cinq ans nommé Ai des symboles graphiques repésentant des objets, des couleurs et des chiffres (1-6). Ai parvient à affecter le nombre correct à des ensembles comportant jusqu'à six objets différents.

Un autre exemple (cf. figure 15) chez une femelle chimpanzé, Sheba, âgée de 6 ans concerne de véritables *opérations de comptage* (S. T. Boysen et G. B. Berntson, 1989).

Dans une première phase, Sheba a appris à associer divers objets (oranges, cuillères, piles, etc.) à des disques métalliques portant chacun un nombre différent de ronds (entre un et sept). Dans une deuxième étape, les ronds sont remplacés par des chiffres arabes. La tâche pour le sujet est d'indiquer le nombre d'items, en choisissant la carte correspondant à ce nombre. Des comportements sont apparus spontanément au cours de cette phase d'apprentissage associatif. Sheba s'est ainsi livrée à une sorte d'étiquetage et de partition des ensembles d'objets qu'elle devait compter, en touchant chaque objet avec les doigts ou en écartant chaque item avant de choisir le nombre correct. Ces stratégies représentent la première démonstration de l'existence de la cardinalité chez une espèce non humaine. Une phase de compréhension du nombre est introduite ensuite, en affichant un chiffre sur un moniteur vidéo : la tâche de Sheba est alors de choisir le disque avec le nombre de ronds correspondant au chiffre affiché. Une fois ces correspondances diverses maîtrisées, la phase de comptage proprement dite peut commencer. Sheba est ainsi « promenée » dans trois lieux différents du laboratoire. Des objets alimentaires (au nombre d'un, deux ou trois) sont déposés dans ces différents sites. Après sa visite des lieux, Sheba est ramenée à son point de départ. Là, elle doit sélectionner le carton (parmi un choix

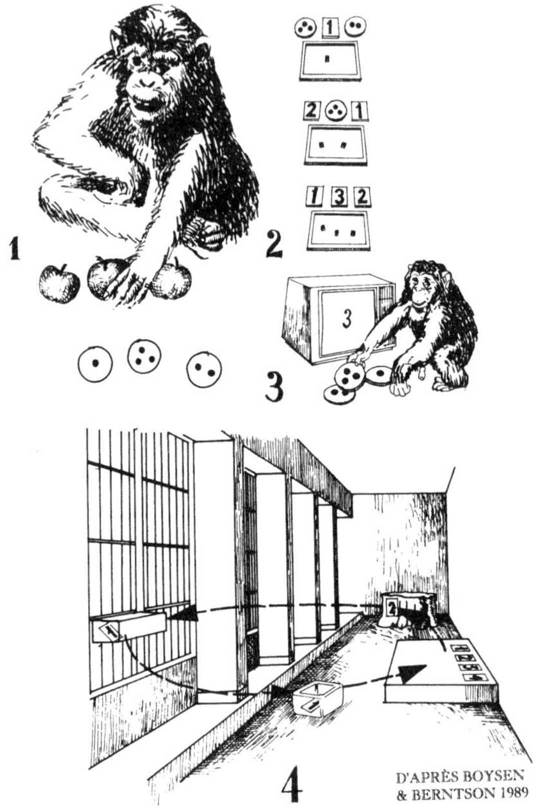

Figure 15. Étapes dans l'expérience de comptage chez le chimpanzé Sheba. 1) Correspondance entre des objets et des disques comportant chacun un nombre différent de ronds. 2) Correspondance entre les disques et les chiffres arabes. 3) Test de la compréhension des symboles numériques. 4) Dispositif pour tester le comptage symbolique : Sheba est emmenée dans trois lieux où sont déposés des cartons portant des chiffres. Sheba en prend connaissance. Revenu au point de départ, le chimpanzé choisit le carton portant le nombre correspondant à la somme des nombres inscrits sur les cartons. Cette phase est précédée d'un comptage fonctionnel, au cours duquel des objets (et non les cartons avec leurs chiffres) sont déposés dans deux des trois sites de la salle d'expérience.

de cartons) correspondant au nombre d'objets totaux qu'elle a vus. Dès la première séance expérimentale, les choix sont corrects dans 80 % des cas. De plus, le chimpanzé n'est pas perturbé dans ses « additions », lorsque, ultérieurement, l'objet est remplacé par un carton portant un chiffre (phase de comptage symbolique).

Portée de l'approche piagétienne

L'application de la théorie piagétienne à l'analyse du comportement des animaux n'est pas sans comporter certains dangers. L'un d'eux est l'anthropocentrisme, qui prêterait aux animaux des comportements humains et, pis, qui jugerait les animaux à l'aune des acquisitions et des réalisations propres à l'espèce humaine. Ce risque bien réel peut découler d'un usage naïf, sans aucun esprit critique, des concepts piagétiens. Un tel abus s'illustre par une interprétation inconsidérée de la permanence de l'objet, qui révélerait l'intelligence sensori-motrice tout entière. Si les méthodes et les concepts de l'approche piagétienne ont été façonnés pour l'étude du développement humain, rien n'empêche néanmoins de les appliquer à un contexte différent. La théorie de l'information a été, elle aussi, d'abord proposée pour étudier l'homme : elle a cependant montré sa valeur heuristique, une fois utilisée chez l'animal. L'approche piagétienne est très fructueuse et sans doute irremplaçable, en raison de sa double dimension, synchronique et diachronique. Comme l'écrivent Claude Dumas et François Y. Doré dans leur ouvrage *Intelligence animale. Recherches piagétiennes* (1986) : « La dimension synchronique permet de circonscrire les interactions entre les structures cognitives de l'animal et son environnement qui donnent lieu à l'adaptation. Par sa dimension diachronique, elle permet d'identifier, par les discontinuités phylétiques ou ontogénétiques, les invariances fonctionnelles et la continuité cognitive » (p. 94). Enfin et surtout, face aux limites des modèles classiques de l'apprentissage, la théorie piagétienne paraît être en bonne position pour favoriser la description des comportements non stéréotypés, en proposer une organisation et en reconstituer l'histoire.

6. La représentation, la communication et le langage

Position du problème

Nous examinerons ici les travaux entrepris avec des primates dans le but de leur apprendre un « langage ». Ces tentatives ont été et sont encore à l'heure actuelle l'objet de multiples controverses. Afin de pouvoir en offrir une interprétation critique, il faut préciser certaines définitions. Elles concernent les concepts clés de représentation, de communication et de langage, utiles pour décrire les phénomènes humains. Ma problématique vise à évaluer la nature linguistique de certains comportements manifestés chez l'animal, soit dans le contexte d'une production spontanée, soit à la suite d'un entraînement (J.-P. Bronckart, F. Parot et J. Vauclair, 1987 ; J. Vauclair, 1990*b*).

La *représentation* est considérée comme un *processus à finalité individuelle*, par lequel un organisme structure sa connaissance dans le cadre de ses interactions avec l'environnement. Toute représentation fait appel à un support, qui est le *substitut*. On distingue deux types principaux de substituts : les substituts internes (les indices, les images) et les substituts externes (les signaux ou les symboles).

La *communication* est définie comme un *phénomène social* d'échanges entre deux ou plusieurs congénères. Elle utilise un code de signaux spécifiques, dans le cadre des finalités globales de survie (reproduction, protection, alimentation) et de cohésion du groupe.

Le *langage* peut se définir comme un système à la fois communicatif et représentatif. Il repose sur une convention sociale, qui attribue à certains substituts représentatifs, les signifiants (qui correspondent aux mots), le pouvoir de désigner d'autres substituts, les signifiés (les significations véhiculées par les mots).

Trois précisions peuvent être apportées au sujet de ces définitions. Premièrement, le concept de représentation est pris ici non pas dans son sens large, synonyme d'intelligence en général (J. Piaget, 1946), mais dans son sens strict de fonction qui met en relation un objet (concret ou abstrait) et son substitut ou représentant. Dans son acception large, la représentation, dans le sens d'adaptation ou d'intelligence, n'implique pas nécessairement la présence de substituts isolés. Deuxièmement, la définition qu'on propose pour la communication est compatible avec celle que les éthologistes retiennent habituellement. Par exemple, pour P. Marler (1979), « toutes les espèces qui manifestent un quelconque degré de coopération sociale, même sommaire, présentent également une forme rudimentaire de communication » (p. 201). Troisièmement, afin de simplifier la présentation de mes hypothèses, je considérerai ici la représentation et la communication comme deux éléments séparés. Certes, tous les événements communicatifs n'utilisent pas obligatoirement des substituts. Ainsi, certaines séquences communicatives non verbales chez l'homme, comme les vocalisations des bébés, dont la fonction est de signaler un état d'inconfort à la mère, n'impliquent pas forcément la présence d'éléments représentatifs. La représentation fait néanmoins, dans la plupart des cas, partie intégrante du phénomène de communication.

Les chapitres précédents exposent différents domaines dans lesquels des comportements de très nombreuses espèces animales, à différents niveaux phylogénétiques, mettent en œuvre des représentations. Ces données renforcent la conception darwinienne de la continuité homme-animal pour ce qui est de l'intervention de processus cognitifs de complexité variable dans les activités de perception, de connaissance de l'espace et de mémoire. Il est séduisant de généraliser cette idée de continuité et de supposer qu'un mécanisme identique est intervenu pour l'apparition du langage. Cette hypothèse est tout à fait tentante, si l'on considère le langage (suivant l'exemple de J. Piaget) comme une manifestation particulière de la capacité générale à la représentation et non comme une entité spécifique. Pour J. Piaget (1970), le langage ne constitue qu'un aspect de la fonction symbolique ou sémiotique, cette dernière comprenant aussi les gestes, l'imitation différée, le dessin et l'image mentale. La théorie continuiste a également été soutenue à partir d'autres considérations. En se fondant sur la comparaison entre les gestes et les cris de certains animaux et de l'homme, Gordon W. Hewes (1973) en vient à faire dériver le langage de ces systèmes de communication plus primitifs. Pour P. Lieberman (1984), les marques fonctionnelles propres à la syntaxe sont conçues comme des généralisations des mécanismes contrôlant le comportement non verbal.

Quel statut peut-on attribuer à la communication animale en regard de la communication humaine, et plus spécifiquement par rapport au langage articulé ? Une évaluation critique des travaux qui ont porté sur le langage chez les anthropoïdes me paraît nécessaire au préalable. Je tenterai ensuite de montrer que si la plupart des activités cognitives complexes des animaux peuvent aisément être appréhendées au travers d'un cadre impliquant une certaine continuité biologique, en revanche, la prudence s'impose pour interpréter le langage dans un cadre identique. Je suggérerai plutôt que le langage, tel qu'il apparaît chez l'homme, résulte d'une double évolution, à la fois biologique et sociale, qui a conduit à fusionner les deux fonctions représentative et communicative.

La communication

Comme pour la représentation, il faut distinguer la communication au sens large de la communication au sens strict, à laquelle je me référerai par la suite. La première forme, héritée du contexte de la théorie de l'information, définit la communication comme un phénomène de transmission d'information d'un point à un autre (G. A. Miller, 1956). Avec une définition aussi large, toute interaction, toute séquence comportementale peut être décrite par un observateur comme un échange d'information. Aussi, certains parlent-ils de communication pour désigner les échanges entre l'ADN et l'ARN ou ceux entre le cerveau et un organe sensoriel. Une telle acception, où le concept de communication est appliqué à tout type d'interaction ou d'échange, fait perdre à ce concept sa valeur heuristique. En fonction du cadre choisi précédemment, la communication se réfère bien à des échanges, mais qui ont lieu au sein d'une organisation sociale. C'est dans ce sens restrictif que je ferai donc usage du concept de communication. Dans cet esprit, les interactions entre des congénères sont des communications, et cela indépendamment du canal utilisé (visuel, acoustique, olfactif). Les informations échangées sont variées : les signaux communicatifs peuvent renseigner sur l'identité de l'émetteur, sur son état motivationnel, mais peuvent servir aussi à communiquer à propos de l'environnement : présence d'un prédateur, de sources alimentaires, etc. Entre la parade sexuelle de l'épinoche, la communication par gestes des chimpanzés et les échanges sonores des mammifères aquatiques, il y a bien entendu des différences, à la fois dans la complexité et dans la flexibilité du message. Toutefois, tous ces échanges reposent manifestement sur une organisation sociale propre au groupe ou à l'espèce concernée et contribuent, par l'information qui circule entre les congénères, à assurer la survie et la cohésion du groupe.

Comparaison entre la communication animale et la communication humaine

Une méthode pour comparer les espèces quant à la communication consiste à partir de son expression *a priori* la plus complexe, c'est-à-dire le langage articulé humain. Il s'agit ainsi d'énumérer les traits du langage qui paraissent les plus importants, pour pouvoir ensuite en vérifier l'existence chez d'autres espèces. Un tel inventaire a été entrepris, entre autres, par Charles F. Hockett (1960). Bien que cette approche de type structural ne soit ni unique, ni à l'abri de biais (liés, par exemple, au choix des traits qu'on décide de retenir), elle est toutefois instructive pour pouvoir se livrer à une première comparaison entre les systèmes sémiotiques. Parmi les traits les plus importants du langage, on peut mentionner le *déplacement* dans l'espace et dans le temps et l'*interchangeabilité*, car, selon la formule de C. F. Hockett, « un organisme équipé pour transmettre des messages dans un système est aussi équipé pour en recevoir dans le même système ». On a aussi la dualité ou *double articulation* (les unités de niveau supérieur, les monèmes qui constituent les premières unités de signification, sont composées d'unités de niveau inférieur, les phonèmes), la *réflexivité*, l'*arbitrarité* et la *prévarication* (W. H. Thorpe, 1972). J'aborderai la question de l'arbitrarité plus loin, à propos de l'apprentissage d'un système de signaux par le chimpanzé. Quant à la prévarication, qui désigne la possibilité d'utiliser un système sémiotique pour tromper autrui et transmettre des indications fausses, je l'examinerai dans le cadre d'une discussion sur l'intentionnalité.

Le *déplacement* concerne la propriété du langage qui rend possible la référence à des objets et des événements éloignés de l'époque et du lieu où se trouve le locuteur. Cette propriété inhérente aux signes linguistiques permet non seulement d'évoquer des objets éloignés dans les dimensions d'espace et de temps, mais encore d'évoquer verbalement des choses qui n'ont pas de localisation spatiale ou qui ne se produisent jamais. Autrement dit, une caractéristique du signe linguistique, c'est le fait qu'il soit détaché de l'élément (objet, événement, état) auquel il se rapporte et que sa signification soit disponible indépendamment d'un contexte donné. L'entité linguistique ne relie donc plus uniquement un signe à un objet, mais des signes entre eux.

Dans la communication animale, la fameuse « danse des abeilles » étudiée par Karl von Frisch (1950) est souvent citée pour illustrer cette propriété de déplacement.

Mais quel est le statut réel de la danse par rapport aux conditions liées au détachement ? Comme l'écrit Ernst von Glaserfeld (1977), seule une abeille hypothétique qui communiquerait distance et direction à propos de la nourriture, alors qu'elle ne viendrait pas justement de ces sources ou qu'elle ne s'y rendrait pas, utiliserait des signaux de communication ressemblant à ceux du langage humain. De plus, si les abeilles transmettent sans aucun doute une information concernant l'environnement, elles ne généralisent pas leur système de signaux analogiques pour transmettre autre chose.

Chez les oiseaux, les gallinacés présentent la particularité d'émettre des vocalisations alimentaires, notamment lorsqu'un mâle rencontre des femelles (cf., par exemple, P. Marler, A. Dufty et R. Pickert, 1986*a*). Les signaux émis par le coq sont modulés différentiellement selon le degré de préférence

La danse des abeilles

Au cours d'une danse dite frétillante, l'abeille exécute des mouvements sur la surface verticale des rayons de miel. La forme de la danse reproduit un 8, au milieu duquel l'abeille frétille de manière intensive. L'information sur la direction est donnée par l'angle que forme l'axe de la danse avec la verticale (l'angle de déviation par rapport à la direction du soleil est transposé en grandeur égale par rapport à la direction de la pesanteur). L'information sur la distance est fournie à la fois par la fréquence des oscillations de l'abdomen et par des émissions sonores (A. M. Wenner, 1964).

manifesté par l'oiseau pour une nourriture donnée. L'expérience de P. Marler et de ses collaborateurs (1986*a*) montre que ces variations temporelles dans le débit des vocalisations servent à attirer plus ou moins vite vers un lieu alimentaire une poule se trouvant dans les parages. De plus, les auteurs démontrent que les approches de la poule sont d'autant plus probables que le coq émet un signal pour une nourriture préférée. Cette recherche indique qu'il y a une forte association entre la perception de la nourriture par l'émetteur et la production des « cris alimentaires ». Est-ce à dire que ces signaux n'ont, comme les danses des abeilles, qu'une fonction purement informative et pas de fonction représentative ? Des observations de M. Konishi (1963) indiquent toutefois que des cris identiques aux vocalisations alimentaires sont régulièrement émis dans des contextes non alimentaires, lorsque, par exemple, les oiseaux ont été séparés pendant quelque temps de leurs compagnons habituels et qu'ils cherchent à rétablir un contact avec ceux-ci.

Plusieurs espèces animales sont capables de transmettre des messages communicatifs qui paraissent être relativement détachés de leur contexte de production. C'est le cas des cris d'alarme chez les primates, et plus particulièrement de ceux qui sont émis par les vervets. Ces cris ont tout d'abord la particularité de varier en fonction de la nature du prédateur. Trois types de cris correspondent ainsi aux trois classes principales de prédateurs (aigle, léopard et serpent). La production d'un type de cri provoque, chez les congénères alertés, une réponse qui est adaptée au prédateur : par exemple, le cri d'alarme annonçant la présence d'un python déclenchera des explorations visuelles du sol et éventuellement une fuite dans les arbres (R. M. Seyfarth, D. L. Cheney et P. Marler, 1980). En recourant à la technique de diffusion en play-back des cris d'alarme, D. L. Cheney et R. M. Seyfarth (1982) relèvent deux phénomènes importants. La production par haut-parleur des cris déclenche les mêmes réactions d'évitement appropriées que lorsque ces signaux sont émis par l'animal en présence du prédateur. Les réponses observées paraissent être indépendantes des variations de longueur et d'amplitude du signal, aussi bien que de l'état d'excitation et de l'âge de l'animal émetteur. Ces données permettent d'inférer l'existence dans certains systèmes de communication animale d'un début de « sémantisation » des signaux, relativement indépendante du contexte.

Les études recourant à la diffusion en play-back représentent un moyen astucieux de conduire une expérimentation dans un environnement naturel. L'emploi de cette technique comporte cependant une restriction logique rapportée par Charles T. Snowdon (1990). En se focalisant sur le comportement du récepteur, cette technique peut certes nous aider à comprendre la nature des inférences auxquelles il se livre ; elle ne nous apprend en revanche rien sur la nature représentationnelle des messages envoyés par l'émetteur.

Le langage

Selon Noam Chomsky (1970), « le langage apparaît comme un phénomène unique, sans analogue important dans le monde animal » (p. 101). Cette opinion est partagée par bon nombre de psychologues, d'anthropologues et naturellement de linguistes. Elle a pourtant été sinon contestée dans son fondement, tout au moins remise en question à partir d'une approche expérimentale visant à explorer, chez les primates non humains, leurs capacités et leurs limites à apprendre certains éléments (règles syntaxiques, listes de mots, etc.), constitutifs du langage humain. Je présenterai brièvement quelques-uns de ces travaux.

L'apprentissage d'un « langage » chez les anthropoïdes

Les tentatives d'apprentissage d'un langage vocal menées sur des anthropoïdes ont toutes été des échecs. Les Hayes (K. J. Hayes, 1951) ont élevé un chimpanzé (Vicki) dans leur maison. Après des années d'apprentissage, Vicki articulait péniblement quatre signaux ressemblant aux mots anglais *papa, mama, cup* et *up*. On sait aujourd'hui que de telles tentatives ne pouvaient pas être couronnées de succès, dans la mesure où il a été établi que l'appareil phonatoire des primates non humains est très mal adapté à la production des sons de la parole (P. Lieberman, 1984). Il fallait donc aborder les capacités liées au langage par d'autres moyens. Allen et Beatrice Gardner ont choisi d'exploiter la facilité remarquable avec laquelle les chimpanzés imitent les gestes qu'ils voient effectuer autour d'eux. Washoe, un chimpanzé de huit mois, a ainsi reçu un entraînement intensif pour apprendre l'ameslan, le système de communication gestuelle des sourds nord-américains (R. A. et B. T. Gardner, 1969). Après environ trois années, Washoe possédait un vocabulaire de soixante-huit signes, consistant essentiellement en injonctions (« encore ! », « viens ! », « dehors ! », etc.). Washoe a enrichi par la suite son vocabulaire jusqu'à produire près de cent cinquante « mots ». Ces mots étaient parfois combinés en séquences de trois ou quatre éléments pour former des phrases comme « vous/moi/sortir/vite », produites dans les échanges entre le chimpanzé et l'expérimentateur, dans des contextes très finalisés (se nourrir, sortir, se promener). Le même langage par gestes a également été enseigné à un autre chimpanzé du nom de Nim (H. S. Terrace, L. A. Petitto, S. J. Sanders et T. G. Bever, 1979).

Herbert S. Terrace et ses collaborateurs, en procédant à l'analyse détaillée des conditions et du contexte de la production des « phrases » construites par Washoe et Nim, n'ont cependant pas détecté de règles de type syntaxique, même élémentaires, dans l'organisation et la combinaison des signes. De plus, Nim comme Washoe ne recourent aux signaux gestuels que dans deux situations : sur injonction de l'expérimentateur ou pour réclamer quelque chose qu'ils convoitent.

D'APRÈS TERRACE & AL. 1979

Figure 16. Le chimpanzé Nim produit devant son professeur la séquence gestuelle « Moi »/« prendre dans les bras »/« le chat ».

H. S. Terrace constate que, contrairement aux enfants, Nim n'utilise pas spontanément les gestes appris pour attirer l'attention de son entourage sur un objet ou un événement particulier. Enfin, l'analyse des transcriptions vidéo de Nim révèle que ses productions gestuelles consistent souvent en imitations des gestes que son professeur vient juste d'effectuer devant lui.

D'autres groupes de chercheurs ont abordé les capacités « linguistiques » des anthropoïdes à l'aide de techniques résolument artificielles. David Premack a entraîné une femelle chimpanzé, nommée Sarah (cf. chapitre 4), à manipuler sur un tableau magnétique de petits objets en matière plastique munis

Les dauphins comprennent le langage gestuel

Il faut aussi signaler les étonnantes performances réalisées par deux dauphins dans la *compréhension* de signaux gestuels et acoustiques (L. M. Herman, D. G. Richards et J. P. Wolz, 1984). Cette expérience (cf. figure 17) a montré que les dauphins comprenaient des phrases comportant jusqu'à quatre mots, du type « planche de surf/à droite/mener/frisbee », c'est-à-dire la consigne consistant à transporter un frisbee se trouvant à sa droite, sur la planche de surf. On peut supposer, selon ces résultats, que les dauphins réagissent aux signaux en suivant l'ordre dans lequel les « mots » leur sont présentés, ce qui suggère que ces animaux peuvent généraliser les règles grammaticales élémentaires (par exemple, placer l'agent avant l'action) apprises dans des phrases courtes (à deux éléments, par exemple) à des séquences plus longues.

Figure 17. A-C (ci-contre) : quelques-uns des signaux gestuels produits par l'expérimentatrice dans l'étude des dauphins. 1) Le dauphin, dans son bassin, observe l'expérimentatrice. 2-5) Le dauphin exécute correctement la tâche consistant à prendre, parmi plusieurs objets, un frisbee se trouvant à sa droite et à le transporter sur une planche de surf.

d'un aimant (D. Premack, 1971). Sarah a été longuement entraînée à associer les morceaux de plastique de forme et de couleur différentes à des objets, des actions, des caractéristiques d'objets et d'actions, et même des connecteurs logiques, du type « si… alors ». Dans une de ces expériences, Sarah a appris à choisir les qualificatifs qui s'appliquaient à une pomme placée devant elle. Sarah associait ainsi trois « mots » (c'est-à-dire trois pièces de plastique) à l'objet pomme : il s'agissait des qualificatifs « rouge », « rond » et « munie d'une queue ». On lui a présenté ensuite non plus l'objet « pomme », mais le « mot » désignant la pomme, symbolisée par une pièce de couleur bleue et de forme triangulaire. Bien que les caractéristiques apparentes du signal fussent opposées à celles du contenu, Sarah a fourni à nouveau une description correcte de la pomme. Ces performances témoignent de la capacité de

A. GESTE «PLANCHE DE SURF»

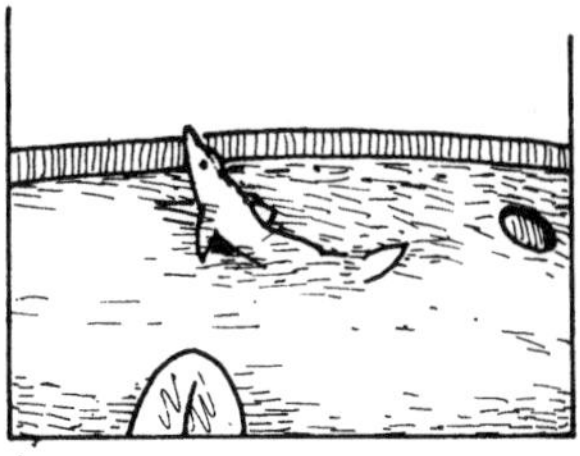

1

B. GESTE «A DROITE»

2

Le dauphin se dirige à droite,

C. GESTE «FRISBEE»

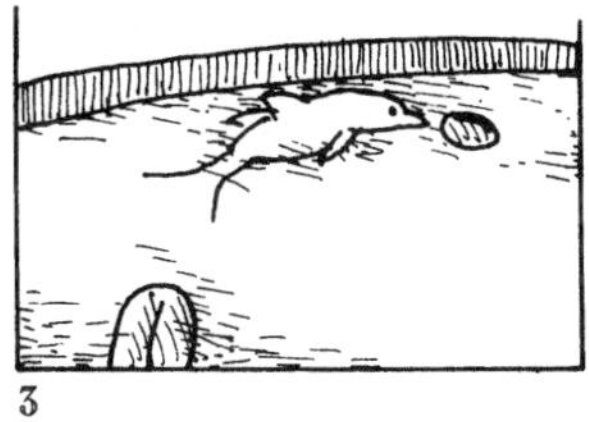

3

il se rend vers le frisbee,

4

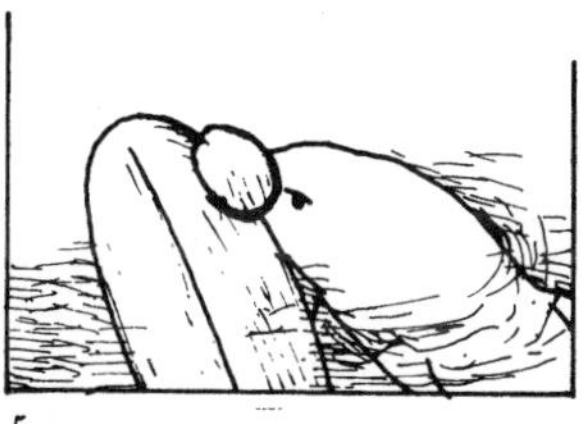

5

le transporte.
Contact entre le frisbee
et la planche.

D'APRÈS HERMAN & AL. 1984

l'anthropoïde à se représenter les propriétés physiques d'un objet, à partir d'un signal non seulement arbitraire, mais surtout qui présente des caractéristiques physiques contradictoires. Dans cette situation, le chimpanzé a donc été capable d'associer un substitut arbitraire à un objet et, en plus, d'associer deux substituts entre eux.

Une telle représentation de second ordre (représentation de représentation) est illustrée par l'étude de E. Sue Savage-Rumbaugh et ses collaborateurs (cf. figure 18). Deux chimpanzés, Sherman et Austin, ont été entraînés à représenter des objets, des actions ou des situations à l'aide de lexigrammes. Ces derniers sont des figures géométriques arbitraires qui peuvent apparaître par simple contact sur un écran (E. S. Savage-Rumbaugh, D. M. Rumbaugh et S. L. Boysen, 1978 ; E. S. Savage-Rumbaugh, D. M. Rumbaugh, S. T. Smith et J. Lawson, 1980). Les deux chimpanzés apprennent, dans un premier temps, à associer un lexigramme à différents objets, dont certains sont des objets alimentaires et d'autres des outils (tournevis, marteau, pince, etc.). Ils apprennent aussi les lexigrammes représentant la classe des « nourritures » et celle des « outils ». Mis face au lexigramme représentant par exemple l'objet pomme, Sherman et Austin sont capables de presser le lexigramme « nourriture ». Confrontés au lexigramme représentant l'objet tournevis, ils actionnent correctement la touche « outil ». Sherman et Austin peuvent donc non seulement assigner un label aux objets physiques, mais encore donner un label aux substituts (c'est-à-dire aux lexigrammes) de ces objets. Pour les auteurs, ces résultats démontrent que la manipulation des symboles par ces animaux équivaut à la dénomination qui caractérise le langage.

Cette interprétation peut être contestée, car les « désignations » d'objets dont il est question ici conduisent, quand elles sont correctes, à l'emploi ou à la consommation de l'objet sélectionné. Dans un tel contexte expérimental, il est impossible de dissocier la dénomination, où le symbole permet de faire référence à l'objet désigné, d'une simple demande (le symbole permet d'obtenir l'objet désigné). Dans une autre étude concernant un chimpanzé nain (Kanzi), ces mêmes chercheurs (E. S. Savage-Rumbaugh, K. McDonald, R. A. Sevcik, W. D. Hopkins et E. Rupert, 1986) évoquent également le phénomène de désignation. Kanzi, après avoir longuement observé

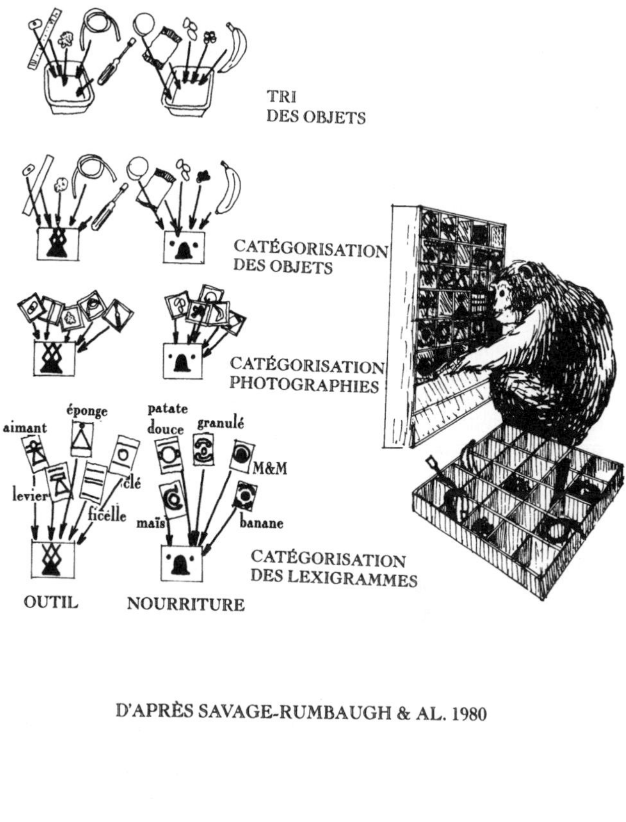

Figure 18. Catégorisation d'objets à l'aide de lexigrammes par le chimpanzé. Différentes étapes du test : tri d'objets réels selon les deux classes d'outils et de nourritures. Les catégories sont ensuite remplacées par les lexigrammes et les objets à catégoriser sont représentés par des photographies. Dans la phase ultime, on demande au chimpanzé d'utiliser un symbole (lexigramme) pour classer d'autres lexigrammes.

Les pigeons aussi savent classer des objets

R. J. Herrnstein et ses collaborateurs (R. J. Herrnstein, D. H. Loveland et C. Cable, 1976) ont entraîné des pigeons à séparer, dans un ensemble de quatre-vingts diapositives, celles où figurent des arbres ou des parties d'arbres (la moitié du lot) de celles où il n'en figure pas (l'autre moitié). La technique utilisée est la suivante : une seule diapositive est présentée et le pigeon reçoit une récompense alimentaire quand il donne un coup de bec (sa réponse) à une clé située sous la diapositive montrant un arbre (le stimulus positif). Les réponses données à la présentation du stimulus négatif (diapositive ne comportant pas l'élément « arbre ») ne sont jamais renforcées. A la suite d'un grand nombre de séances d'entraînement, la plupart des pigeons se sont montrés capables de réaliser des discriminations précises entre les deux sous-ensembles d'objets. Pour les auteurs, le pigeon est parvenu à abstraire le concept de l'objet naturel « arbre », puisqu'il peut le généraliser à d'autres spécimens d'arbres à propos desquels il n'a pas reçu d'entraînement. Les capacités de discrimination du pigeon ne se limitent d'ailleurs pas à des objets comme les arbres, qui possèdent une signification adaptative évidente pour un oiseau. R. J. Herrnstein et P. A. de Villiers (1980) ont par exemple montré que le pigeon réagit différemment à des scènes aquatiques comportant des poissons à celles sans poissons. De telles capacités ont également été mises en évidence pour d'autres catégories naturelles (catégories « humains » ou « pigeons »), mais aussi pour des formes arbitraires comme la lettre A et le chiffre 2 (M. J. Morgan, M. D. Fitch, J. G. Holman et S. E. G. Lea, 1976). Sur la base de capacités de discrimination si impressionnantes, il serait imprudent de conclure que l'oiseau a abstrait une propriété singulière ou une famille de propriétés conduisant à l'établissement d'un *prototype* de l'objet, comme l'a démontré E. Rosch (1973) chez des sujets humains confrontés à ce type de tâches. En effet, avant de postuler que le pigeon possède le concept d'un objet réel ou abstrait comme une forme géométrique, il est nécessaire d'examiner si des hypothèses plus faibles ne suffisent pas à rendre compte de manière convaincante des performances recueillies. Une de ces hypothèses fait appel à une élaboration perceptive, considérée comme un fondement de la catégorisation. Cette élaboration rassemblerait plusieurs caractéristiques de l'objet ; celles-ci seraient utilisées par l'animal pour décider si l'élément à discriminer fait ou non partie d'une catégorie. L'étude de

→

Figure 19. Catégorisation d'objets par le pigeon. On montre une seule diapositive à chaque essai et le pigeon reçoit une récompense s'il donne un coup de bec sur la clé de réponse quand la diapositive représente un arbre. Les coups de bec donnés pour des diapositives sans arbre ne sont pas récompensés. La figure illustre quelques-uns des stimuli positifs (avec arbres) et des stimuli négatifs (sans arbre) que le pigeon doit discriminer.

M. J. Morgan et ses collaborateurs (1976) va dans le sens de cette dernière hypothèse. Ainsi, dans cette expérience, après la phase de discrimination entre la lettre A et le chiffre 2, on a effectué un test de généralisation à différentes lettres de l'alphabet. Les lettres comportant le plus d'éléments communs avec le A (par exemple les lettres R et H) sont traitées par le pigeon comme un A, alors que celles qui ont des éléments commun avec le chiffre 2 (par exemple les lettres E et L) sont traitées comme un 2.

Il est intéressant de comparer les performances des pigeons avec celles des macaques soumis à des tests identiques. Les macaques ont eu besoin de plus d'essais que les oiseaux pour catégoriser

sa mère s'exerçant avec les lexigrammes, s'est mis spontanément à utiliser ce système pour réclamer de la nourriture et des jouets. Si impressionnant qu'il paraisse, le recours spontané que fait Kanzi aux symboles graphiques est cependant limité à des contextes fonctionnels particuliers, où il s'agit d'attirer l'attention de l'observateur humain sur des lieux, des objets ou des activités.

Différences d'usage des signaux chez le chimpanzé et chez l'enfant

Les exemples qui viennent d'être cités soulèvent la question de la différence entre la désignation telle qu'elle se manifeste dans le langage (particulièrement chez l'enfant qui apprend à parler) et l'usage que font, spontanément ou après entraînement, les chimpanzés qui manient des signaux. On a vu que la condition du déplacement, dans certains systèmes de communication spontanée chez les animaux, est rarement complètement remplie. Cela est également observé dans les recherches sur les chimpanzés : ceux-ci, à la différence des enfants, utilisent le système qu'on leur a appris essentiellement dans un contexte visant à atteindre des buts immédiats, et non, comme c'est très vite le cas chez l'enfant, dans une intention de communiquer pour communiquer.

Un des traits caractéristiques du langage est le fait que des

des objets (A. M. Schrier, R. Angarella et M. Povar, 1984). Cette infériorité du primate sous ce rapport met en évidence le fait que les capacités d'une espèce donnée sont souvent cantonnées à un domaine précis. C'est à partir de telles observations que P. Rozin (1976) a suggéré que les animaux ont développé non pas seulement des capacités générales, mais des spécialisations adaptatives qui leur ont permis de résoudre des problèmes spécifiques. Selon P. Rozin, l'évolution ultérieure de la cognition a consisté à rendre ces spécialisations ou programmes peu à peu accessibles à d'autres domaines que ceux dans lesquels ils ont été élaborés à l'origine et donc, en quelque sorte, à les rediriger vers d'autres objectifs.

signes sont liés non seulement à des objets, mais encore à d'autres signes qui forment un système. Or une telle démonstration n'a pas été faite jusqu'à présent à propos de la communication chez le primate non humain. L'usage approprié que font les chimpanzés des lexigrammes ne permet pas de conclure qu'ils les utilisent à la manière dont l'humain emploie un signe linguistique, puisque, dans les situations testées, la maîtrise des fonctions instrumentales de ces lexigrammes est suffisante pour résoudre les problèmes posés.

Un aspect du signe verbal : le concept d'« arbitrarité radicale »

Pour avancer dans la comparaison entre les systèmes de communication animale et la communication par signes propre au langage humain, il est utile de discuter, même sous forme d'esquisse, de l'aspect d'arbitrarité, spécifique du signe linguistique. Pour plus de détails, le lecteur peut se référer à l'ouvrage de Jean-Paul Bronckart (1977). L'arbitrarité du langage désigne la relation entre les éléments matériels que sont les sons (ou mots) et les contenus (objets, situations) auxquels ils réfèrent. Cette relation est qualifiée d'arbitraire parce que, dans la majorité des cas, il n'y pas de ressemblance physique, analogique, entre la séquence sonore et le contenu qu'elle représente. De ce point de vue, les gestes de Washoe, les pièces agencées par Sarah, ainsi que les touches manipulées par Sherman et Austin entretiennent bien un rapport arbitraire avec les divers aspects de la réalité qu'ils représentent.

Pourtant, l'« arbitrarité radicale » attribuée par Ferdinand de Saussure (1916) aux signes du langage est d'une plus grande complexité que le simple rapport entre deux réalités. Pour F. de Saussure, en effet, le signe se définit comme une relation établie non entre les éléments matériels que sont les sons (ou mots) et les contenus auxquels ils réfèrent, mais entre des images ou des représentations construites sur le matériau phonique, d'une part, sur le matériau référé, d'autre part. Ainsi, *deux images mentales*, l'une phonique et l'autre « de sens », ont été créées, à partir de deux domaines distincts de la réalité. Ce rapport entre les deux types d'images est arbitraire, dans la mesure où chaque langue naturelle procède à une analyse et à un découpage des images sonores et des images de sens qui n'obéit à aucune motivation identifiable. Bien que la construction des deux types d'images soit du ressort de chaque individu, l'opération essentielle du langage, qui est de favoriser la *désignation* par la création de signes, est réalisée selon une convention sociale. Si les signes ne sont pas uniquement le produit d'élaborations individuelles et s'ils changent avec le temps, c'est parce qu'ils ne peuvent être compris que par opposition avec d'autres signes qui leur donnent leur valeur. Cette conception concerne la langue à son état achevé. Dans la perspective ontogénétique du développement du langage, la capacité de dissocier les signes de la réalité qu'ils désignent est une acquisition relativement tardive. Les enfants de cinq ans attribuent aux mots des caractéristiques propres, distinctes de celles des objets ou des événements auxquels ils réfèrent (I. Papandropoulou et H. Sinclair, 1974).

Comment, à partir de cette analyse, statuer sur la nature « linguistique » des productions des chimpanzés ? Si l'on veut montrer que l'animal utilise des signes équivalant aux signes du langage, il faut fournir la démonstration : 1) qu'il possède une représentation individuelle, liée à l'état de ses acquisitions, du substitut et de son contenu ; 2) qu'une convention sociale a rendu possible le découpage des substituts et 3) que les signes constituent des valeurs relatives aux autres signes dont l'animal dispose. Or une telle démonstration n'a pas été faite de manière satisfaisante.

Les échanges communicatifs prélinguistiques

Afin de bien comprendre les particularités des fonctions de représentation et de communication chez l'homme, il est nécessaire d'examiner la mise en place de ces systèmes au cours de la période sensori-motrice. L'intérêt d'analyser le fonctionnement de cette période (entre la naissance et la fin de la première année) tient au fait que les échanges qui s'y produisent sont encore peu médiatisés par le langage articulé. Pourtant, la forme et l'organisation qui caractérisent ces échanges vont orienter et préparer la communication verbale qui s'installera ultérieurement. Chaque fois que des données sont disponibles, je me suis efforcé de confronter les communications entre l'enfant et son entourage avec les types de communication observés chez d'autres primates.

a) Style communicatif entre la mère et l'enfant au cours des manipulations d'objets par l'enfant et le chimpanzé

Chez l'homme, la présence d'interactions complexes entre la mère ou tout adulte compétent et l'enfant a donné lieu à des études systématiques depuis près de vingt ans. Ces interactions prennent la forme d'attentions mutuelles pour les objets de l'environnement physique, d'imitations précoces par l'enfant de certains gestes et comportements de la mère, etc. On sait ainsi que non seulement la mère est très attentive lorsque son enfant agit ou va agir avec des objets, mais encore qu'elle contrôle et dirige l'attention de l'enfant vers les objets de l'environnement (par exemple, J. Bruner, 1983 ; M. Bullova, 1980 ; H. R. Shaffer, 1977).

Pour ce qui est des primates non humains, l'observation des chimpanzés (notamment par J. Van Lawick-Goodall, 1968) montre que les échanges mère-enfant au cours des premiers mois sont médiatisés par des contacts tactiles et par les mouvements plutôt que par la vision. Cette forme d'échanges est bien différente de celle observée chez l'humain, chez lequel se manifeste très tôt une attention visuelle conjointe de la mère et de l'enfant pour les objets.

J'ai étudié avec Kim A. Bard au Yerkes Center d'Atlanta les échanges communicatifs (relation mère-enfant) au cours des manipulations d'objets chez l'enfant humain et chez le chimpanzé entre huit et onze mois.

Nous avons privilégié trois questions : 1) Quel est le style communicatif de la mère ? Il s'agit de préciser dans quelle mesure la mère agit avec les objets en vue d'attirer l'attention de l'enfant ou encore de le stimuler. 2) Quels sont les effets des manipulations effectuées par l'adulte sur le comportement de l'enfant face aux objets ? L'adulte encourage-t-il l'enfant après ses contacts initiaux avec les objets et maintient-il l'attention de l'enfant ? 3) Enfin, les interventions de la mère sont-elles précédées plus ou moins systématiquement par certaines activités de la part de l'enfant ou sont-elles caractérisées par une absence d'activité de l'enfant ?

Quatre couples ont été observés : un couple mère-enfant humain (fille appelée Aleah) ; un couple mère-enfant chimpanzé (mâle appelé Chesley) ; un couple substitut humain (soigneur)-enfant chimpanzé (mâle élevé en nursery, nommé Jos) ; un couple enfant-chimpanzé nain (bonobo, appelé Kanzi), élevé à la fois par une femelle chimpanzé et par des substituts humains ; Kanzi a été ultérieurement intégré dans le programme de recherche des Rumbaugh sur la manipulation de lexigrammes. Un ensemble identique d'objets (cubes à encastrer, par exemple) est laissé à chaque couple. Aucune consigne particulière n'est donnée à la mère ou aux substituts maternels pour l'utilisation des objets avec les enfants.

L'adulte peut produire différents événements, allant d'une absence d'interaction jusqu'à l'opposé, à savoir une intervention directe de la mère sur l'objet. Parmi ces événements, les catégories suivantes sont retenues : NON INTERACTIF/METTRE L'OBJET HORS D'ATTEINTE DE L'ENFANT/POINTER VERS L'OBJET/OFFRIR/CACHER/ÉCHANGER/ACTION À TOUR DE ROLE SUR L'OBJET/DÉMONSTRATION. Ce système de codage est conçu pour appréhender les différents moyens mis en œuvre par l'adulte pour *a)* engager l'enfant à manipuler ; *b)* le désengager, quand par exemple l'adulte retire l'objet des mains de l'enfant ; *c)* les cas où l'adulte agit de manière neutre ou non interactive ont également été considérés.

Les résultats concernant les types d'intervention de la mère ou de son substitut sont identiques pour le bonobo et le chimpanzé : environ 80 % des contacts avec les objets effectués par la mère ont consisté en désengagement ou absence d'engagement. Pour l'humain, en revanche, 77 % des actions de la mère ont eu pour but d'engager l'enfant à manipuler des objets. On observe dans ce dernier couple des comportements tels que PRENDRE QUAND C'EST OFFERT, REQUÊTE OU TOUR DE RÔLE. Plus de la moitié des contacts réalisés par le soigneur vers Kanzi impliquent un engagement avec l'enfant, alors que 11 % seulement des actions de la mère engagent le jeune chimpanzé vers les objets.

Nous nous sommes aussi intéressés à l'influence des conduites produites par l'adulte sur les manipulations effectuées par l'enfant, en examinant les comportements de l'enfant qui surviennent pendant les manipulations de la mère et cinq secondes après leur fin. Le chimpanzé Chesley n'a jamais prêté attention aux manipulations de sa mère. L'enfant bonobo a accordé très peu d'attention aux actions de sa mère et, quand il l'a fait, la mère agissait de façon neutre. La même structure comportementale s'est manifestée quand Kanzi, l'enfant bonobo, était en contact avec l'humain. Bien que l'adulte bonobo et le soigneur aient agi différemment à l'égard de Kanzi, ce dernier a réagi de façon identique envers les deux adultes, à savoir qu'il a rarement accordé de l'attention au comportement de l'adulte. Cette absence de réaction de Kanzi à l'égard du soigneur est surprenante, ce dernier ayant constamment tenté d'attirer son attention. On notera que le chimpanzé Jos, en présence d'un humain, a manifesté de nombreuses réactions aux objets, comparables par leur fréquence (même si la forme des manipulations était différente) à celles de l'enfant humain. L'organisation du comportement qui apparaît ici peut se résumer comme suit : l'enfant chimpanzé comme l'enfant humain ont donné des réponses appropriées d'attention lorsque l'adulte a cherché l'engagement. A l'opposé, ils ont manifesté tous deux très peu d'attention quand l'adulte a agi de manière non interactive.

Les comportements de l'adulte sont-ils précédés ou déclenchés par certains comportements de l'enfant ? Nous avons relevé tous les comportements de l'enfant qui sont apparus trois secondes avant chaque comportement de l'adulte et nous les avons classés en quatre catégories : absence d'engagement, engagé socialement, engagé avec un objet, tentative de se désengager des objets. Le chimpanzé Chesley était toujours

Pédagogie chez les chimpanzés

Notre étude des interactions mère-enfant à propos des objets chez les chimpanzés a été entreprise avec des animaux captifs, élevés dans un environnement composé d'objets humains.

Dans le milieu naturel, on peut s'attendre à voir des mères prendre un rôle plus actif quand leurs enfants sont confrontés à une tâche difficile, comme l'apprentissage de l'usage d'un outil. De ce point de vue, le cassage des noix par les chimpanzés de Côte-d'Ivoire, décrit au chapitre 3, représente un cas extrême, puisqu'il leur faut près de dix ans pour maîtriser complètement la technique du cassage (C. Boesch, 1991). C. Boesch a réussi à observer chez quelques individus certaines étapes de cette acquisition. Il décrit ainsi chez les mères chimpanzés des comportements ayant un effet « facilitant » sur les jeunes : par exemple, le cassage chez des enfants de trois ans est stimulé par le fait que la mère laisse un « marteau » ou des noix à proximité du site de cassage. Les adultes sans enfant n'abandonnent jamais leur marteau. Par ailleurs, une mère peut accroître l'efficacité de sa progéniture en sélectionnant elle-même le bon outil. Enfin, cette pédagogie peut aller jusqu'à une intervention plus directe de la mère au cours des tentatives de son enfant. C. Boesch a ainsi observé une mère qui repositionne correctement sur l'enclume une noix particulièrement dure, après une première frappe effectuée par son fils de six ans.

engagé socialement avec sa mère (agrippé à elle) avant que celle-ci s'oriente vers un objet. Même schéma pour Kanzi, que celui-ci ait été avec sa mère ou avec le substitut. Jos était déjà engagé avec les objets pour la moitié des interventions du soigneur ; quant à l'enfant humain, il était déjà engagé dans des manipulations d'objets (77 % des cas) quand sa mère intervenait. *En conclusion*, les données recueillies sur le sujet humain (K. A. Bard et J. Vauclair, 1984) confirment ce que l'on savait déjà : les adultes sont attentifs, tout au moins dans les sociétés occidentales, aux manipulations de l'enfant ; les adultes contrôlent l'effet de ces activités de l'enfant sur l'environnement et les stimulent. Ces efforts manifestés par la mère et par des adultes compétents n'ont pas d'équivalent chez le chimpanzé. Lorsqu'une mère chimpanzé et son enfant explorent ou manipulent des objets, leurs actions respectives se déroulent de façon indépendante. Par exemple Kanzi, qui avait découvert une propriété d'un objet nouveau, en l'occurrence un son, s'est vu immédiatement retirer l'objet par sa mère, qui a alors exploré seule l'objet. Les effets particuliers de l'intervention de la mère sur les comportements manipulateurs de l'enfant humain et les effets comparés de celle du soigneur sur les manipulations d'objets des enfants chimpanzés suggèrent que des mécanismes différents agissent sur leurs interactions réciproques. Il est probable que, chez le chimpanzé, les structures d'interaction concernent les échanges de types vocal, gestuel et émotionnel, mais pas les objets inertes (à l'exception notable des objets alimentaires). Cela pourrait permettre de comprendre pourquoi les mères chimpanzés n'engagent pas leurs enfants dans des manipulations d'objets physiques. Toutefois, la présence d'un substitut humain (dans le cas de Jos), qui se comporte vraisemblablement comme elles le feraient à l'égard de leur propre enfant, a un effet stimulant sur le comportement du chimpanzé avec les objets.

Au total, chez l'homme, le monde physique, le monde du mouvement, des objets, du temps et de l'espace sont présentés à l'enfant d'une façon socialement structurée. On soutiendra l'hypothèse que cette communication à propos d'un monde commun d'objets peut expliquer une bonne part des manipulations complexes constatées chez l'enfant, qui sont loin d'être aussi évidentes chez des anthropoïdes d'âge comparable.

C. Mignault (1985) a observé pendant quatre années le développement des manipulations d'objets chez des chimpanzés élevés en nursery. Ces animaux n'ont pas manifesté d'activités de mise en relation entre deux ou plusieurs objets, ni d'activités de type symbolique avec ceux-ci. Les seuls comportements comparables entre l'enfant humain et le chimpanzé relèvent de l'imitation différée, qui s'est exprimée dans l'usage conventionnel de certains objets dont l'utilisation avait été préalablement montrée, l'emploi d'une brosse à cheveux par exemple. L'auteur conclut que le chimpanzé ne semble pas atteindre le stade de transition entre la période sensori-motrice et la période des activités symboliques.

S'il est relativement bien établi que les primates non humains ne réalisent, au cours de leurs premières années de vie, ni combinaisons d'objets, ni usage conventionnel de ceux-ci, cela ne signifie pas que certaines espèces n'utilisent pas des types de communication, notamment gestuelle, qui peuvent avoir une signification quasi symbolique. De tels gestes ont, par exemple, été rapportés par F. X. Plooij (1978, 1984) dans ses observations des chimpanzés du parc de Gombe, en Tanzanie. F. X. Plooij décrit ainsi des gestes, comme celui de « lever le bras », qui apparaît vers sept mois et qui a une fonction d'invitation à l'épouillage, ou encore le geste de « tendre la main » (vers neuf mois et demi) dans un contexte de requête alimentaire. Des gestes de ce type ont été également décrits par K. A. Bard (1990) dans les situations de partage alimentaire entre mères et enfants chez l'orang-outan. Si ces comportements semblent être nettement finalisés, ils sont en revanche toujours utilisés dans le contexte où ils se sont initialement développés. En d'autres termes, ces gestes ne font l'objet ni d'une décontextualisation, ni d'une généralisation. Par conséquent, il serait abusif de les comparer aux signes linguistiques et de leur attribuer une structure équivalant à ces derniers pour la communication (V. Volterra et M. C. Caselli, 1986).

b) Relations entre les manipulations d'objets et le langage

Les manipulations d'objets ont été souvent liées à l'apparition du langage, vraisemblablement parce que, d'après les découvertes archéologiques, l'apparition des outils a précédé l'apparition des expressions artistiques et symboliques. E. Bates (1979) a étudié chez l'enfant les rapports entre les conduites manipulatrices et le développement du langage. Ce chercheur a montré que chez le jeune enfant, l'emploi d'objets comme instruments (maîtrise des rapports de causalité) et les combinaisons d'objets constituent de bons indices du développement de la communication gestuelle et verbale. Dans la mesure où ces acquisitions semblent être liées, une structure cognitive commune pourrait présider à l'organisation des rapports avec les personnes ou avec les objets.

L'intérêt de faire appel à une organisation unique réside dans la possibilité de la caractériser en termes de compréhension des relations moyens/buts. Comment peut-on articuler cette similarité entre communication intentionnelle et maîtrise des relations entre objets ? Deux types de ressemblance se dégagent dans la comparaison entre ces deux domaines. Premièrement, la communication intentionnelle suppose que l'enfant différencie l'acte communicatif (le geste lui-même) du but de cet acte. De la même manière, l'utilisation d'un objet comme instrument pour atteindre un but particulier doit être différenciée des moyens d'agir sur cet objet. La seconde ressemblance porte sur le recours à des moyens intermédiaires pour atteindre le but. Quand un enfant regarde un adulte et lui montre un objet hors d'atteinte, il s'engage dans une activité cognitive très semblable à celle qui consiste à tirer sur une ficelle pour attirer un objet à lui. Bien que les deux actions appartiennent à des domaines différents, elles partagent toutes deux la propriété d'être capables d'agir sur l'environnement à l'aide d'un intermédiaire.

Pour conclure, on peut dire que les comportements proprement linguistiques sont préparés au cours de la période sensori-motrice par les interactions fortement structurées entre l'enfant et son environnement. Selon D. Smilie (1982), les enfants entre huit et onze mois, au cours de leurs longues séquences de manipulation d'objets, sont capables de combiner l'intérêt pour les objets avec l'échange communicatif et sont donc aptes à comprendre et à produire des actes qui « signifient quelque chose à propos du monde pour les autres gens » (p. 292). L'observation des interactions entre adultes et jeunes au cours des deux premières années de la vie a révélé que les modalités d'échange différaient sur un point essentiel entre l'homme et les autres primates : l'inclusion d'objets dans les échanges communicatifs humains. Ces objets servent à la fois de supports et de buts pour des élaborations cognitives complexes.

Ritualisation, conventionnalisation

Entre les échanges communicatifs animaux, allant du déclenchement d'une réponse à la suite de la présentation d'un stimulus spécifique (K. Lorenz, 1970) aux communications à propos d'objets de l'environnement, des niveaux intermédiaires doivent être envisagés. Les premiers types d'échanges sont comparables et réductibles à des relations de type stimulus-réponse, tandis que les seconds, grâce à des propriétés comme la décontextualisation, se rapprochent de la flexibilité permise par le fonctionnement des signes linguistiques. Les comportements ritualisés et conventionnalisés peuvent trouver une place entre ces deux extrêmes.

Les *comportements ritualisés* sont définis par Irenäus Eibl-Eibesfeldt (1972) comme des comportements modifiés au cours de la phylogenèse en vue d'une fonction de communication. Ils consistent essentiellement en enchaînements de mouvements, de postures, relativement stéréotypés et qui se reconnaissent par leur caractère automatique. C'est dans le cadre des échanges gestuels que les propriétés des comportements ritualisés peuvent être le mieux cernés, en particulier leur autonomie par rapport à leur fonction originelle. Ainsi Wolfgang Wickler (1978) a décrit comment le geste de « présentation » de la femelle chez le macaque et le babouin, qui consiste à montrer les parties génitales, est détourné de sa fonction reproductive originelle pour devenir un geste d'accueil ou d'apaisement. Ces comportements sont donc caractérisés par un déplacement de la signification qui s'est installée progressivement au cours de la phylogenèse, mais parfois aussi durant l'ontogenèse (W. J. Smith, 1977). Les comportements conventionnels sont conçus comme résultant de contraintes sociales agissant sur le groupe autant que sur l'individu (émetteur) qui contrôle le message. Ces comportements impliquent-ils dès lors une représentation de la situation chez les partenaires concernés par l'échange communicatif ? Le contexte même des *comportements conventionnalisés* pose aussi le problème de l'intentionnalité dans l'acte communicatif. S'il y a contrôle du message par l'émetteur, il est possible de supposer que le contenu de ce message et son statut, à savoir son effet sur le récepteur, sont connus par celui qui l'émet.

Manipulation de l'information par des oiseaux et des primates

La manipulation d'informations est présente chez de nombreuses espèces animales et en particulier chez les oiseaux. J'ai déjà fait mention dans ce chapitre de la capacité des coqs à varier le débit de leurs vocalisations alimentaires selon leur préférence pour tel ou tel type de nourriture (P. Marler *et al.*, 1986*a*).

Une étude expérimentale a été conduite pour évaluer l'effet que peut avoir un congénère sur l'émission des vocalisations alimentaires du coq (P. Marler, A. Dufty et R. Pickert, 1986*b*). On présente à un coq alternativement des vers de farine (nourriture très appréciée) et des coquilles de noix. En même temps, différents congénères sont présents : ce sont tantôt des femelles familières, tantôt des femelles non familières et tantôt des mâles. Dans des essais contrôles, il n'y a pas de partenaire du tout. La fréquence des vocalisations est enregistrée à la fois en fonction de la nature des congénères et de la nature de l'objet (alimentaire ou pas). Comme le montrent les résultats résumés sur la figure 20, les signaux sont les plus fréquents quand des femelles (familières ou étrangères) sont présentes, alors qu'aucune vocalisation n'est émise en présence d'un autre mâle adulte. Les coqs sont donc capables de contrôler leurs émissions vocales en fonction de la nature du partenaire. Plus précisément, ces cris sont inhibés lorsque le récepteur n'est pas un partenaire sexuellement approprié. Devant des objets non alimentaires, les cris sont émis avec une intensité moindre ou complètement absents. Il existe cependant une exception notable : quand l'objet non alimentaire est présenté, les coqs produisent significativement plus de cris en présence d'une poule étrangère que devant une poule familière. Les auteurs interprètent ce comportement du mâle comme une « intention à mal informer », se fondant sur l'hypothèse qu'un coq sera très motivé par l'établissement d'un lien avec une femelle étrangère.

Ce sont à nouveau les primates qui sont les acteurs des situations les plus nombreuses de manipulation d'informations. Celles-ci comprennent les cas de « préméditation », de dissimulation d'informations et les cas de tromperie (« deception » en anglais). Hans Kummer (1982) rapporte un exemple à ce propos concernant le babouin sacré (*Papio hamadryas*). L'organisation sociale de cette espèce est de type harem. Ce dernier est formé d'un mâle adulte et de plusieurs femelles qui, en principe, ne s'accouplent qu'avec le mâle, chef du harem. Des observations réalisées en captivité et sur le terrain décrivent pourtant des accouplements entre ces femelles et des mâles subadultes, à l'insu du mâle dominant. Dans ce contexte exceptionnel, les femelles n'émettent pas le cri particulier qui fait habituellement partie d'une séquence d'accouplement avec

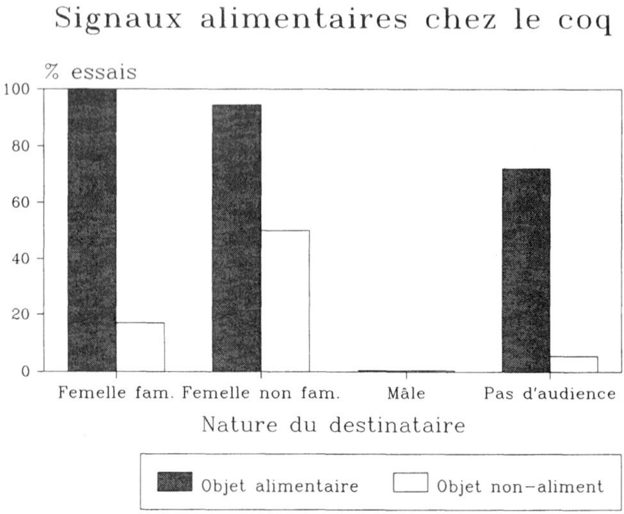

Figure 20. Contrôle des vocalisations alimentaires chez les gallinacés. Pourcentage des cris émis par un coq en fonction de la nature du destinataire pour des objets alimentaires et non alimentaires. (D'après P. Marler et al., *1986*b.*)*

le mâle adulte. Serait-on ici devant un cas de (double !) tromperie des femelles à l'égard du mâle dominant ? En gardant le silence, ces femelles évitent de s'exposer à des punitions, car toute prise de distance un peu prolongée d'une femelle par rapport au mâle est habituellement sanctionnée d'une morsure à la nuque. Dans une telle séquence, l'intentionnalité est évidemment inférée de manière rétrospective par l'observateur humain. Si l'on ne souhaite pas recourir à des concepts cognitifs, voire philosophiques, comme celui d'intentionnalité, une explication plus simple peut toujours être proposée pour ce comportement. Il suffit de faire appel au phénomène de conditionnement aversif, à savoir que les femelles apprendraient à inhiber autant que possible leurs vocalisations (pour éviter les conséquences nocives) lorsqu'elles sont éloignées du chef du harem (J. de Lannoy, 1987).

Changer de paradigme pour aborder les « états mentaux »

Si la littérature éthologique et surtout primatologique (voir la revue de A. Whiten et R. W. Byrne, 1988) se préoccupe de plus en plus d'examiner le contexte de la tromperie chez l'animal dans son comportement quotidien et spontané, l'étude expérimentale de l'intentionnalité n'en est qu'à ses débuts. Elle est rendue difficile pour des raisons conceptuelles et méthodologiques. Ce concept, d'essence philosophique, renvoie à celui du langage, car il suppose que l'émetteur manipule le message qu'il produit. De plus, son investigation expérimentale implique un changement de paradigme (D. Premack et G. Woodruff, 1978*a*), à savoir un déplacement des questions d'instanciation (« Est-ce que les chimpanzés *ont* des intentions ? ») vers les questions d'attribution (« Est-ce que les chimpanzés *pensent* que les autres *ont* des intentions ? »).

D. Premack et G. Woodruff sont les instigateurs de recherches originales sur le fonctionnement mental des chimpanzés. Ainsi qu'ils l'expliquent de façon imagée, c'est moins le chimpanzé « physicien » (celui qui empile des caisses pour aller décrocher une banane) qui les intéresse que le chimpanzé « psychologue ». L'étude du chimpanzé physicien consiste à mettre l'animal dans une situation d'atteinte d'objets difficiles d'accès et de noter ses stratégies de résolution des problèmes, comme l'a fait par exemple W. Köhler (1925) dans ses tests sur l'usage d'outils (chapitre 1). En revanche, s'intéresser au chimpanzé « psychologue », consiste à étudier dans quelle mesure la connaissance que le chimpanzé a du monde peut influer sur son « savoir » à propos des « savoirs » des autres. D. Premack et G. Woodruff se proposent donc d'aborder directement la question des « états mentaux » et de l'attribution de ces états aux autres individus. Ces chercheurs se demandent si « les chimpanzés ont une théorie de la pensée [*mind*] ». Selon eux, deux raisons peuvent être avancées pour parler de « théorie ». La première tient au fait que ces états ne sont pas directement observables. Deuxièmement, ce système inférentiel permet de réaliser des prédictions à propos du comportement d'autres individus. Avec ces états mentaux, le chimpanzé devra, au lieu de produire une solution à un problème donné, identifier le moyen approprié pour apporter cette solution. Pour leur part, D. Premack et G. Woodruff (1978*b*) montrent à Sarah une séquence filmée d'un acteur humain. Ce dernier tente, par exemple, de nettoyer le sol au jet, mais l'eau ne sort pas. Quelques secondes avant la fin de la séquence, l'image est arrêtée et l'expérimentateur tend une boîte au chimpanzé. Cette boîte contient des photographies d'objets, dont une représente la solution du problème, en l'occurrence un tuyau branché sur le robinet d'eau. Sur les huit séries de problèmes différents proposées à Sarah, celle-ci a choisi, au cours de trente-six essais, trente-trois fois la solution correcte. La compréhension dont le chimpanzé fait preuve est l'indication qu'il est capable d'inférer la nature du problème et d'identifier les solutions potentielles pour lui permettre d'obtenir une récompense.

Chez l'homme, l'attribution à autrui d'états mentaux concerne des catégories variées, comme la croyance, l'intentionnalité, le doute, etc.

Dans le prolongement du travail précédent, Daniel J. Povinelli et ses collègues (1990) examinent les capacités d'attribution de quatre chimpanzés. Dans cette recherche, le chimpanzé doit utiliser une information se rapportant à la localisation de nourriture. Cette information est donnée par des gestes de pointage produits par deux expérimentateurs alternant (d'un essai à l'autre) les rôles de celui qui devine (le parieur) et celui qui sait (l'initié). Dans un premier temps, les deux expérimentateurs sont présents dans la zone expérimentale. Dans un deuxième temps, le parieur sort et l'initié cache de la nourriture dans un récipient parmi quatre. Le dispositif permet au chimpanzé d'observer l'initié en train d'agir, mais sans voir le récipient au moment de l'approvisionnement. L'initié recouvre ensuite les quatre récipients d'un cache identique. Dans un troisième temps, le parieur, qui, pour l'animal, « ne sait rien » sur l'emplacement de la récompense, entre dans la pièce. Chacun des expérimentateurs pointe avec le doigt un récipient : l'initié pointe toujours dans la direction du récipient correct, alors que l'autre pointe toujours dans une direction incorrecte. Tous les chimpanzés ont rapidement appris à réagir aux pointages de l'initié et à ne pas suivre les indications fournies par le parieur pour se procurer la nourriture cachée.

Les auteurs concluent que les chimpanzés, comme les enfants dès trois-quatre ans, savent que celui qui a assisté à un événement possède une compréhension de cet événement différente par rapport à celui qui n'a rien vu. D'après eux, les réactions des animaux démontrent que ces derniers sont capables d'attribuer certains états mentaux aux autres. Autrement dit, les chimpanzés savent qui est celui qui sait et qui est celui qui devine. On pourrait expliquer la discrimination manifestée par le chimpanzé par le fait que l'initié est tout le temps présent. Aussi, dans une expérience de contrôle, le parieur (la tête cachée dans un sac) est présent en même temps que l'initié dans la zone expérimentale pendant que la nourriture est cachée par une troisième personne. Dans la phase de test, trois chimpanzés sur quatre continuent à suivre les indications données par l'expérimentateur qui a vu l'emplacement du récipient approvisionné. Les résultats pour le quatrième chimpanzé ne sont pas significatifs sur le plan statistique, bien qu'ils aillent dans le sens d'une préférence pour les indications fournies par l'initié. En résumé, le chimpanzé est effectivement capable de réaliser des inférences à propos des différents états de connaissance de l'initié et du parieur sur la base de leur expérience visuelle respective. Une expérience identique menée sur des macaques a donné des résultats négatifs, ces singes se révélant incapables de différencier les rôles respectifs des deux acteurs (Povinelli, Parks & Novak, 1991).

Une étude expérimentale de l'intentionnalité

La seule étude expérimentale de l'intentionnalité réalisée à ce jour en laboratoire a porté sur des chimpanzés (G. Woodruff et D. Premack, 1979). Les auteurs ont d'abord défini ce concept dans des termes proches des miens. Pour eux, l'intentionnalité se rapporte à la compréhension et au contrôle de l'information entre un émetteur et un destinataire. Il ne restait qu'à concevoir une situation expérimentale permettant de tester la connaissance qu'a l'émetteur de l'effet de ses actions sur le comportement du destinataire et d'évaluer les capacités de cet émetteur à moduler les informations qu'il transmet, par leur suppression ou leur altération. Le principe de l'expérience est le suivant : un chimpanzé est informé du fait que de la nourriture est cachée dans un récipient, parmi deux identiques. Les récipients sont placés dans une pièce où l'animal ne peut pas se rendre, un grillage l'en séparant. Le chimpanzé a toutefois la possibilité de transmettre à un partenaire humain (qui ignore l'emplacement du bon récipient) l'information sur la localisation du récipient intéressant. Mais le chimpanzé a en réalité deux types de partenaires. L'un est amical et coopératif et, lorsqu'il trouve la nourriture dont la localisation lui a été fournie par le chimpanzé, il la partage avec ce dernier. L'autre partenaire est en revanche en compétition avec le chimpanzé, car, lorsqu'il trouve la nourriture, il la garde pour lui. Quatre chimpanzés ont participé à l'expérience.

Dès le début des tests, on constate que le partenaire amical est en mesure de décoder le comportement du chimpanzé pour faire un choix correct. Le comportement typique des animaux a consisté à se rendre près du grillage, à passer une main ou un pied à travers celui-ci (cf. figure 21) et à regarder alternativement le partenaire et le récipient. Ces gestes ont une fonction de pointage évident. Ce pointage, sous la forme précise qu'il prend ici (mouvements de la main), et dont le rôle est si important dans les interactions humaines avant, puis avec le langage, n'est en principe pas spontanément produit dans les échanges habituels entre primates non humains (H. S. Terrace, 1985). Si, au début de l'expérience, le chimpanzé envoie au compétiteur les mêmes informations que celles qu'il adresse au partenaire coopératif, après quelques essais, le partenaire a plus de peine à décoder le message que lui fait parvenir l'animal. Le pointage disparaît alors du répertoire de l'animal et les performances du partenaire deviennent comparables à une recherche effectuée au hasard.

Pour compléter cette expérience, les chercheurs ont inversé les rôles, et c'est cette fois le partenaire humain qui a transmis des informations au chimpanzé : le partenaire amical indique toujours le bon récipient, tandis que le partenaire hostile indique systématiquement un récipient incorrect. Ici encore, les chimpanzés (en fait trois sur quatre) sont en mesure de distinguer les situations où l'information est correcte de celles où elle est trompeuse. Dans ce dernier cas, la réponse de l'animal consiste à se rendre vers le récipient indiqué mais sans le retourner, puis à se diriger vers le récipient approvisionné et le retourner pour s'emparer de la récompense.

Finalement, dans la recherche d'un objet en coopération avec un partenaire humain, le chimpanzé effectue les actions appropriées et comprend les indices comportementaux permettant de le localiser. Par ailleurs, en situation de compétition, le chimpanzé apprend, d'une part, à refuser l'information au destinataire et, d'autre part, à refuser les indices trompeurs qui

Figure 21. Étude expérimentale de l'intentionnalité chez le chimpanzé. Dans cette phase de l'expérience, le chimpanzé pointe avec le pied le récipient contenant la nourriture à l'intention de son partenaire humain. (D'après G. Woodruff et D. Premack, 1979.)

sont fournis par l'émetteur. Pour G. Woodruff et D. Premack, la flexibilité démontrée par les chimpanzés dans la manipulation de l'information reçue ou émise suggère que cette espèce manifeste une réelle capacité à la tromperie. S'agit-il alors également d'une capacité à la communication intentionnelle ? La réponse à cette question est compliquée par un fait : c'est parce que l'intentionnalité est supposée sous-jacente à la tromperie que les chercheurs peuvent attester, explicitement ou implicitement, son existence (D. Quiatt, 1984).

Face à l'hypothèse forte de l'intentionnalité avancée par G. Woodruff et D. Premack, on peut être tenté de proposer une explication plus simple. Que montre finalement cette expérience ? Les chimpanzés ont appris (après un très long entraînement) qu'il y a un comportement particulier à mettre en œuvre pour atteindre la nourriture. Autrement dit, il faut répondre d'une certaine façon dans un cas et d'une autre façon dans l'autre. Une autre question se pose à propos de la réaction du compétiteur. N'est-il pas étrange que celui-ci ne cherche pas à contrer (en allant vers le second récipient) les informations fausses que lui envoie le chimpanzé ? C'est en tout cas ce que fait ce dernier quand il est dans la situation de compétition. L'absence de réaction apparente de la part du chimpanzé à cette bizarrerie pourrait indiquer que l'animal : *a)* n'a pas compris la relation entre l'état de connaissance de l'expérimentateur et les actions qu'il effectue ; *b)* pense que l'expérimentateur est totalement stupide (C. A. Ristau, 1986). Un dernier problème surgit des conclusions des auteurs à propos de l'intentionnalité selon laquelle le chimpanzé souhaite que l'expérimentateur croie que la nourriture se trouve dans un récipient particulier. Pour être en mesure d'affirmer que cette hypothèse est la bonne, il faudrait réaliser, comme l'a suggéré Daniel C. Dennett (dans D. R. Griffin, 1982), l'expérience cruciale suivante : mettre la nourriture dans des récipients transparents et demander au compétiteur de regarder en direction de ces récipients lorsqu'il pénètre dans la pièce expérimentale. Si le chimpanzé peut reconnaître instantanément une incohérence logique entre *a)* ce qu'il veut que l'expérimentateur croie et *b)* ce que l'expérimentateur sait de façon évidente, alors on aura une preuve forte en faveur de l'existence d'une tromperie consciente.

Quoi qu'il en soit des imperfections et des limites de l'expérience, il est important de retenir que les chimpanzés se sont montrés capables de modifier leur comportement communicatif en fonction du contexte (compétition *versus* collaboration) et de ses conséquences.

Il est certainement trop tôt, faute de données expérimentales complémentaires, pour pouvoir conclure le débat sur l'intention.

Ainsi, la situation expérimentale, telle qu'elle a été établie dans l'expérience de G. Woodruff et D. Premack, a conduit les chimpanzés à manifester de façon active leurs intentions. De telles structures de comportement sont extrêmement rares dans le milieu naturel. Les primates non humains ne subissent pas de pressions particulières (de type social, par exemple) qui les amènent à cacher leurs intentions immédiates. C'est pourquoi les cas où l'on a observé une manifestation de tromperie naturelle et spontanée (cf. le cas de l'accouplement du babouin *Hamadryas* évoqué plus haut) font intervenir non pas une démonstration visible d'intentions, mais bien plutôt un masquage et une dissimulation de l'information à certains partenaires impliqués dans l'interaction.

7. Continuité et discontinuité entre l'animal et l'homme : la représentation, le langage et la conscience

Expériences mentales ou représentations mentales ?

Le concept de conscience a été banni des préoccupations de la psychologie expérimentale au moment où le béhaviorisme s'est imposé en psychologie au début de ce siècle. Cette notion a pourtant fait, vers la fin des années 1970, un retour en force dans un champ où on l'attendait le moins, celui de la psychologie des animaux. Le principal responsable de ce mouvement est Donald R. Griffin. Si les positions de D. R. Griffin peuvent servir à illustrer l'attitude de certains éthologistes à l'égard des problèmes de la cognition animale et de son étude, elles sont loin d'être représentatives de la démarche éthologique traditionnelle (R. A. Hinde, 1982).

Avant de devenir le défenseur de la conscience animale, D. R. Griffin était déjà connu pour ses travaux sur les mécanismes d'orientation par ultrasons des chauves-souris (D. R. Griffin, 1958). Comme D. R. Griffin s'est voulu le promoteur d'une éthologie nouvelle (1976, 1978, 1984), il est nécessaire de revenir sur sa démarche, car elle est déterminante pour saisir les changements de paradigme qui se manifestent en éthologie cognitive. Les idées de D. R. Griffin sont essentiellement exposées dans deux ouvrages (1976, 1984) qui traitent de la conscience (*consciousness*) et de la pensée animale (*animal thinking*). Les travaux de K. von Frisch sur le « langage » des abeilles et ceux de R. A. et B. T. Gardner sur les échanges gestuels entre le chimpanzé Washoe et des observateurs humains constituent, selon D. R. Griffin, des modèles à suivre pour étudier les phénomènes de conscience. Pourtant, ces auteurs ont en général fait preuve de la plus grande prudence dans le choix de leurs concepts pour interpréter leurs découvertes et ils ne se sont jamais référés à la conscience pour en rendre compte. Selon D. R. Griffin, le domaine social et en particulier celui de la communication intraspécifique et interspécifique représente la « voie royale » pour aborder l'expérience mentale des animaux. Toutefois, il ne propose pas de méthodologie particulière pour évaluer les « ambassadeurs de la pensée », selon ses termes. De plus, et cela paraît très surprenant dans sa démarche, D. R. Griffin ne se réfère pas à des concepts cognitifs, comme celui de représentation, et, de manière générale, fait peu de cas de la psychologie animale et de la psychologie tout court. Plusieurs questions se posent à propos de cette démarche. En premier lieu, on peut se demander ce qu'il faut entendre par conscience. D. R. Griffin est ici de peu d'aide, car il emploie indifféremment les termes « conscience », « états mentaux », « esprit » et « pensée ». En fait, la confusion terminologique entretenue par D. R. Griffin révèle une confusion sémantique plus grave qui revient à *confondre l'expérience mentale avec la représentation mentale*. Cet amalgame entre concepts conduit D. R. Griffin à commettre deux sophismes (S. Ullman, 1978). Le premier sophisme revient à *identifier la conscience de soi* (*self-awareness*) *avec la représentation de soi* (*self-recognition*).

Réactions devant le miroir

Je l'illustrerai à partir des expériences réalisées par G. G. Gallup (1970) sur la reconnaissance dans le miroir par le chimpanzé. Lorsqu'on expose un chimpanzé devant un miroir, il réagit comme s'il était en face d'un congénère, c'est-à-dire qu'il produit divers signaux sociaux (gestes, vocalisations). Après un certain temps, le chimpanzé commence toutefois à manifester des comportements autocentrés, comme, par exemple, examiner des parties de son corps qui sont inaccessibles à l'inspection visuelle directe. Ces observations sont à l'origine du fameux test de la tache imaginé par G. G. Gallup (cf. figure 22), test que seuls le chimpanzé et l'orang-outan ont

Figure 22. Test de la tache imaginé par G. G. Gallup pour étudier la « reconnaissance de soi » chez le chimpanzé. On a peint, sous anesthésie, une tache colorée au-dessus de la paupière de l'animal. Quand le chimpanzé est à nouveau devant un miroir, il passe beaucoup de temps à explorer la tache. Ce comportement est interprété comme l'indice que le chimpanzé a une certaine représentation de son corps.

réussi parmi les primates non humains. Dans ce test déjà mentionné, un chimpanzé qui a une longue expérience avec le miroir, est anesthésié et une tache rouge est peinte au-dessus d'une paupière. Évidemment, le sujet ne peut pas prendre connaissance de la tache par d'autres moyens (olfactifs, par exemple), que son image dans le miroir. Après son réveil, le chimpanzé, remis devant le miroir, effectue alors une intense exploration de la tache.

Selon D. R. Griffin, de telles expériences démontrent la conscience que les chimpanzés ont d'eux-mêmes. Il paraît cependant plus satisfaisant et plus économique de les interpréter comme l'expression de la capacité du chimpanzé à se représenter son propre corps ou son apparence physique (H. Kummer, cité par V. Dasser, 1985). On notera que, chez l'enfant humain, la reconnaissance devant le miroir (à l'aide, par exemple, du test de la tache) n'est évidente que vers l'âge de deux ans (J. R. Anderson, 1984). Avant cette période, vers seize-dix-sept mois, seules des réactions de perplexité sont observées. Ces réactions se traduisent en fait par deux types de comportement : d'une part, une immobilité de l'enfant, comme s'il était fasciné par son image et, d'autre part, un peu plus tard, vers un an et demi, un évitement de l'image spéculaire. Cette dernière réaction est également observée, mais à un âge bien plus précoce, chez le macaque rhésus et chez le berger allemand (R. Zazzo, 1979), ce qui peut laisser penser que la réaction d'évitement n'implique pas nécessairement la reconnaissance de soi. Chez l'animal, cette réaction est précédée de mouvements d'approche du miroir, que l'observateur interprète comme une réaction envers un congénère habituel. L'évitement manifesté ensuite par l'animal à l'égard de sa propre image peut être compris comme une réaction de peur devant un congénère dont la conduite est inhabituelle, un congénère avec lequel il n'y a pas la complémentarité habituelle des échanges, ni la possibilité de « dialogue » (R. Zazzo, 1979). Là où les espèces vont diverger considérablement, c'est dans le fait que l'évitement chez l'animal va en quelque sorte entériner sa rupture avec l'expérience spéculaire, tandis que l'enfant humain, dès le moment où la conduite d'évitement commencera à s'atténuer (vers quinze mois), réussira généralement l'épreuve de la tache.

La signification du test du miroir chez les anthropoïdes et le fait que sa réussite soit limitée à deux espèces seulement (chimpanzé et orang-outan, mais voir S. T. Parker, R. W. Mitchell et M. L. Boccia, 1994) doivent être ramenés à leur place exacte. L'hypothèse qui en restreint l'interprétation à une représentation du corps est déjà remarquable en elle-même. La démonstration que les deux espèces citées sont les seules à manifester cette reconnaissance peut également être remise en question sur la base de facteurs de motivation. Les primatologues savent bien que les singes non anthropoïdes évitent de regarder en face un congénère, sinon pour le menacer. Cette charge émotionnelle associée au regard pourrait fort bien empêcher ces espèces d'apprendre les contingences liées à l'image réfléchie par le miroir et les équivalences intermodales qui sont requises pour l'élaboration d'une image du corps. Pourtant, une telle image, impliquant des parties du corps en mouvement (en l'occurrence le déplacement de la main et du bras), est utilisée par les singes anthropoïdes et non anthropoïdes dans la résolution de tâches où des cibles sont localisées dans l'espace *via* l'usage de miroirs (J. R. Anderson, 1986 ; S. Itakura, 1987) ou de caméras vidéo (E. W. Menzel, E. S. Savage-Rumbaugh et J. Lawson, 1985). Dans ces tests, le singe utilise le miroir pour guider les mouvements de sa main en direction d'un point de l'espace où est placé un aliment. Ces capacités, quand elles sont replacées dans le contexte des comportements d'organisation de l'espace, peuvent parfaitement s'intégrer au cadre interprétatif avancé jusqu'ici et dont j'ai donné maints exemples à propos de la représentation spatiale.

Un nouveau protocole pour étudier les processus cognitifs de la représentation de soi

Pour G. G. Gallup, le test de reconnaissance dans le miroir livre une mesure empirique de la conscience de soi que possède l'individu qui le réussit. L'auteur envisage cette conscience comme la capacité pour l'individu de devenir l'objet de sa propre attention.

Les démonstrations des opérations spatiales dans les « cartes cognitives », ainsi que dans toutes les situations impliquant des évaluations perceptivo-spatiales, suggèrent que les animaux réalisent ces opérations sans contact préalable direct avec le corps. Dans le domaine d'un espace plus restreint, mettant en jeu non la locomotion mais la préhension, on peut également démontrer l'existence d'une telle dissociation entre un traitement spatial et l'action directe d'un effecteur sur l'objet.

Dans ce but, je présenterai brièvement une tâche que j'ai mise au point avec Joël Fagot, au Laboratoire de neuro-sciences cognitives de Marseille. Un babouin est assis face à un moniteur d'ordinateur sur lequel s'affichent un curseur et une cible colorée. Un minimanche, installé sur un support à hauteur des mains, s'interpose entre l'écran et le singe.

Il faut compter environ quinze jours d'entraînement, à raison de trois heures par jour, pour que le babouin maîtrise la

Figure 23. Un jeune babouin a appris à manipuler une manette de jeu pour contrôler les mouvements d'un curseur sur un moniteur vidéo. Cette maîtrise de l'action de la manette lui permet, par exemple, d'atteindre des cibles se déplaçant de façon aléatoire et à des vitesses différentes sur l'écran.

tâche consistant à manipuler le minimanche de telle sorte que les mouvements de ce dernier, isomorphes à ceux du curseur, conduisent à intercepter une cible en mouvement sur l'écran. Naturellement, les rencontres curseur-cible produites par le babouin sont suivies de la distribution d'une récompense alimentaire. Initialement, ce dispositif a été conçu pour l'étude des asymétries de performances manuelles dans l'atteinte des cibles. Il m'apparaît cependant que cette situation expérimentale pourrait aussi contribuer à une meilleure connaissance des opérations cognitives sous-tendant la reconnaissance de soi.

Il existe, dans les théories psychologiques, un principe d'apprentissage appelé *contiguïté spatiale entre un stimulus et une réponse*. Ce principe, défendu entre autres par Fred Stollnitz (1965), prévoit qu'un animal en situation d'apprentissage discriminatif échantillonne à partir du lieu où il produit sa réponse, ne prenant pas ou prenant peu en considération les stimuli éloignés de ce lieu. Autrement dit, une situation où le site de la réponse et celui de la survenance des stimulations ne sont pas contigus (dans notre test, plus de 30 centimètres séparent l'écran de la manette) serait défavorable pour apprendre la tâche. Selon la théorie de la contiguïté, le singe devrait, par exemple, pouvoir toucher l'écran pour résoudre la tâche.

Or la réussite de l'animal contredit ce principe. L'observation du comportement du babouin fournit des indications intéressantes sur la manière dont le problème est perçu et résolu. Ainsi, l'animal ne regarde jamais ses mains au cours des manipulations. Son attention est au contraire exclusivement dirigée vers l'écran, car c'est là que les choses se passent quand il agit sur le minimanche.

Quels liens peut-on dégager entre notre test et ceux impliquant des outils et des miroirs pour localiser des objets ? Le minimanche sert d'outil, fourni, il est vrai, par l'expérimentateur, pour accéder, *via* le curseur, à des objets non accessibles directement. L'usage approprié qu'en fait le singe indique donc sa compréhension d'une causalité à distance entre les objets. Des liens de causalité de même nature régissent la manipulation des outils, comme l'emploi d'un bâton pour s'emparer d'un objet éloigné. Une différence existe cependant entre l'outil ou l'usage du miroir pour localiser un objet et l'action sur une manette : c'est le statut des objets-cibles. Dans les deux premiers cas, ces objets sont stationnaires, du moins jusqu'à ce que la main du singe entre en contact avec eux ; en revanche, les cibles présentées sur l'écran de l'ordinateur sont mobiles. Les singes du genre macaque sont capables, on l'a vu un peu plus haut, d'utiliser des miroirs pour guider leurs mouvements vers des objets. Ils sont également capables, comme les babouins, de contrôler les mouvements d'une manette pour atteindre des cibles fixes ou mobiles (D. M. Rumbaugh *et al.*, 1989). Une autre différence se fait jour entre l'usage des miroirs pour guider les mouvements de la main vers un objet et le test de la manette : dans ce dernier cas, les mouvements de la main sont représentés par le curseur. Ce n'est donc pas la main réelle que voit le singe, mais le mouvement d'un objet circulaire de couleur verte. De plus, rien ne permet de distinguer sur l'écran ce qui, du curseur ou de la cible, est sous la dépendance des activités de la main.

Le singe apprend à identifier l'objet mobile en discriminant la relation entre les mouvements de sa main et ceux du curseur des mouvements de la cible. Dans les tests du miroir pour localiser un but, un seul objet se déplace (la main du singe) et les événements sur le miroir correspondent toujours parfaitement à ceux qui sont liés à la main. Notre test semble donc être d'un niveau de complexité supérieur aux activités de guidage à l'aide d'un miroir.

On peut alors se demander ce que le singe perçoit dans le test de la manette : est-ce uniquement un ensemble de mouvements du curseur ou l'animal a-t-il une représentation de sa main ?

On pourrait par exemple imaginer une expérience dans laquelle on proposerait à un singe, déjà familier avec le dispositif, un test de *discrimination entre les mouvements de sa propre main et ceux générés par l'action d'une « autre main »*. En d'autres termes, l'animal pourrait-il utiliser cette discrimination pour déterminer laquelle des deux images est la réflexion de son propre mouvement ?

Les singes qui ont maîtrisé la manipulation de la manette de jeu sont sensibles aux effets que leur comportement peut avoir sur des images distales. Ils pourraient dès lors être en mesure d'utiliser de telles capacités pour reconnaître les images qui reflètent leurs mouvements des images qui ne sont pas sous leur contrôle. Si les tests proposés apportaient des résultats positifs, on aurait alors certainement réuni toutes les composantes cognitives sur lesquelles est fondé le phénomène de la représentation de soi.

Pour revenir à D. R. Griffin, il commet un second sophisme quand il identifie la *capacité d'anticiper* des activités futures avec l'*intention consciente*. Une telle capacité d'anticipation est pourtant le fondement de tous les comportements adaptés et ne nécessite nullement un traitement en termes d'intentionnalité et de conscience. Les critères nécessaires pour pouvoir démontrer l'intentionnalité ont été limités au cadre de certaines formes d'échanges sociaux. Parmi ces critères figure la construction par l'émetteur d'une représentation du contenu du message, ainsi que son effet sur le destinataire (cf. chapitre 6). Les capacités d'anticipation n'impliquent pas une construction aussi complexe, et donc des critères aussi rigoureux pour apparaître. En effet, si la cognition consiste en première instance à détecter des régularités se produisant dans l'environnement, entre, par exemple, un contexte de stimulation et une réponse donnée, on peut alors s'attendre à ce que le sujet détecte ces régularités et en vienne rapidement à les anticiper. Une telle capacité d'anticipation s'observe déjà chez l'insecte, comme l'a noté K. von Frisch (1967) à propos d'une expérience dans laquelle des abeilles sont entraînées à se rendre vers une source alimentaire dont l'emplacement varie à chaque essai. K. von Frisch a constaté qu'un certain nombre d'abeilles, comme si elles avaient « compris » que l'expérimentateur plaçait la nourriture toujours au-delà du dernier point visité, anticipent ces déplacements et se rendent d'emblée à l'endroit présumé où la nourriture doit se trouver.

En somme, s'il faut donner raison à D. R. Griffin quand il affirme qu'il ne doit pas y avoir de sujets tabous pour les éthologistes, on reconnaîtra que ces derniers sont particulièrement dépourvus d'outils méthodologiques et conceptuels pour entreprendre l'étude de la conscience animale. C'est pourquoi la grande majorité d'entre eux ont rejeté *a priori* ce thème de leur programme de recherche, considérant qu'il était trop tôt pour en faire sérieusement l'étude. Malgré ces réserves, l'éthologiste ou le psychologue ne sont pas complètement démunis aujourd'hui pour aborder ce délicat problème de la conscience, pour peu qu'ils s'inspirent de définitions qui soient intuitivement satisfaisantes et opérationnellement utiles. Une de ces définitions est, par exemple, offerte par John H. Crook (1983), pour qui la conscience de soi se ramène à la « capacité d'abstraire et de construire un cadre conceptuel de son environnement afin de se percevoir soi-même en relation avec cet environnement ».

Des philosophes sont même venus à la rescousse des chercheurs de terrain. Ils leur ont proposé des outils logiques afin de pouvoir comparer différents degrés de complexité mentale chez l'animal. C'est le cas de D. C. Dennett (1983), qui utilise une échelle pour évaluer la complexité sous-jacente aux échanges sociaux entre animaux. En se fondant sur l'idée de continuité des états mentaux au sein du règne animal, qui va des systèmes autorégulateurs jusqu'à la pensée, D. C. Dennett suggère d'estimer les comportements observés à l'aide de niveaux hypothétiques d'intentionnalité. L'étude de l'intentionnalité constituerait pour quelques chercheurs (par exemple, R. Latto, 1986) un moyen terme entre l'étude de la représentation et celle, recommandée par D. R. Griffin, des expériences mentales. Ces niveaux sont hiérarchisés selon une échelle de complexité qui débute par l'ordre 0 et qui va jusqu'à une complexité d'ordre théorique *n*. Ainsi, l'intentionnalité d'ordre 0 décrit les cas où, par exemple, un individu X menace un autre individu Y *parce qu'il est excité*. L'intentionnalité d'ordre 1 s'applique aux cas où X menace Y *parce qu'il veut* que son adversaire quitte les lieux. L'intentionnalité d'ordre 2 qualifie le cas où l'individu X menace *parce qu'il veut* que son adversaire *croie* qu'il va l'attaquer. On peut continuer de la sorte en postulant une intentionnalité d'ordre 3, qui a la forme logique suivante : X *veut* que Y *croie* que X *croit* qu'il est seul, etc.

Une telle échelle ne constitue pas un simple exercice de l'esprit, car elle peut utilement servir à choisir le niveau le plus approprié pour décrire les comportements observés et surtout à proposer un cadre pour concevoir des situations expérimentales. On peut l'appliquer à titre d'exemple au cas, exposé au chapitre 6, des cris d'alarme émis par le singe vervet quand il rencontre un prédateur. Les prédateurs du vervet sont de trois types : le léopard, l'aigle et le python. L'intentionnalité d'ordre 0 peut être écartée d'emblée, car les observations montrent qu'un singe isolé n'émet pas de cri lorsqu'il se trouve face à un de ses prédateurs. Le cri a valeur communicative et sa production ne dépend pas de l'état d'excitation de l'animal. On pourrait penser de ce fait que le vervet, à la vue d'un python par exemple, émet le cri d'alarme parce qu'il veut que ses congénères se réfugient dans les arbres (intentionnalité d'ordre 1). Néanmoins, le fait que le vervet émette son cri, alors que le reste du groupe se trouve déjà à l'abri, permet d'éliminer cette hypothèse. La démonstration que les cris d'alerte du vervet sont spécifiques à chaque classe de prédateurs conduit à inférer une intentionnalité d'ordre 2, à savoir que le vervet veut que les autres sachent qu'il y a bien un python dans les parages, et pas n'importe quel prédateur ou n'importe quelle situation perturbante.

Retour au langage : la question de la continuité mentale

Il me paraît nécessaire, à ce stade de la discussion, de tenter une synthèse des travaux et des découvertes en rapport avec l'étude des capacités de communication de l'animal. Dans un premier temps, je regrouperai ces travaux selon trois courants de recherche : l'établissement d'un inventaire de propriétés ou traits caractéristiques, l'étude des conditions d'acquisition et l'apprentissage de rudiments d'un langage.

a) Les traits caractéristiques

L'énumération d'une liste de traits caractéristiques du langage, réputés « indiscutables », puis la recherche de la présence de ces traits dans les systèmes de communication animale ont été entreprises par plusieurs linguistes. Le pionnier de cette entreprise est Émile Benveniste (1952), qui, en se livrant à l'analyse des danses des abeilles, a relevé pas moins d'une dizaine de traits du langage qui feraient défaut à ce système de communication animale. Parmi ceux-ci, on note l'absence de dialogue, le caractère de non-arbitrarité des signaux et l'absence d'unités à deux articulations. Dans sa contribution ultérieure, C. F. Hockett (1960) a mis l'accent sur de nouveaux traits, dans la mesure où, après E. Benveniste, le champ de la communication animale s'est enrichi de données nouvelles. C. F. Hockett (1960) a mis en évidence la créativité, la double articulation et le caractère historique, institutionnel, de la transmission du langage. Le catalogue des traits s'est encore agrandi avec l'accumulation des découvertes des éthologistes. C'est ainsi que la mise à jour de W. H. Thorpe (1972) englobe neuf systèmes de communication différents et ajoute de nouveaux traits, comme la prévarication, la capacité métalinguistique et l'aptitude à apprendre des systèmes dérivés.

Comme on peut aisément le deviner, cette démarche est menacée par la « spirale inflationniste » des traits qu'elle engendre progressivement. Tout se passe en effet comme si les progrès de l'éthologie et de la psychologie animale contraignaient les chercheurs à invoquer de nouveaux traits spécifiques du langage humain. Par exemple, les performances de Washoe, si elles s'appliquent de manière satisfaisante aux tableaux de E. Benveniste et C. F. Hockett, ne correspondent plus en revanche à celui proposé par W. H. Thorpe.

b) Les conditions d'acquisition

Le deuxième courant de recherche s'appuie sur les méthodes de l'éthologie et de la psychologie cognitive. Il s'intéresse aux conditions d'acquisition et aux mécanismes de passage entre les activités sensori-motrices et la fonction symbolique dans les situations de communication spontanée. A l'origine de ce courant, les travaux et les réflexions de psychologues du développement (par exemple, E. Bates, 1979 ; J. Bruner, 1983 ; K. Kaye, 1983), préoccupés de déterminer les aspects du comportement du jeune enfant qui sont des prérequis pour l'acquisition et le fonctionnement du langage. Dans ses travaux se rapportant à l'étude de la communication non verbale au cours de la première année, E. Bates a pu mettre en évidence une phase dite « illocutoire », au cours de laquelle l'enfant utilise l'adulte comme moyen pour réaliser un but, et une autre phase, appelée « perlocutoire », où l'enfant utilise un objet comme moyen d'attirer l'attention de l'adulte.

L'étude du style communicatif entre la mère et l'enfant au cours des manipulations d'objets, dont il a été question au chapitre précédent, participe de cette approche. Dans le même esprit, Michael Tomasello et ses collaborateurs (1985) ont décrit le développement des gestes de communication chez des jeunes chimpanzés (entre deux et trois ans) vivant en groupe dans un enclos. Une bonne illustration de cette démarche est fournie par les recherches de F. X. Plooij sur l'ontogenèse des communications chez les chimpanzés, mentionnées au chapitre précédent. Ces observations présentent, en outre, le grand intérêt d'avoir été réalisées dans des conditions naturelles, sans que le primatologue ait eu à s'immiscer dans la relation qu'il observait. F. X. Plooij s'inspire directement des conceptions de E. Bates (par exemple, E. Bates, L. Camaioni et V. Volterra, 1975) pour analyser les communications par gestes. Grâce à cette grille de lecture, F. X. Plooij décrit plusieurs gestes (cf. les exemples du chapitre 6) utilisés par le jeune chimpanzé pour attirer l'attention de sa mère. Les premiers échanges chez ce primate diffèrent néanmoins considérablement de ceux rencontrés chez l'enfant humain, en tout cas sur deux plans. Premièrement, les gestes communicatifs du jeune chimpanzé en direction de sa mère ne font pas intervenir d'objets dans ces échanges à finalité sociale. Deuxièmement, les communications entre mère et enfant chimpanzé utilisent rarement des signaux de communication distaux (regards, échanges visuels : F. X. Plooij, 1980), à la différence de ce qui est communément observé dans les interactions entre la mère et l'enfant chez l'homme. Cette approche, très prometteuse, devrait se développer dans l'avenir. Elle présente en outre l'intérêt de favoriser le rapprochement entre des disciplines trop souvent séparées, comme la psychologie du développement, l'éthologie et la primatologie.

c) Rudiments d'un « langage » chez les animaux

Le troisième courant de recherche vise délibérément à enseigner certains aspects du langage (vocabulaire, règles syntaxiques) à des animaux, comme les oiseaux (cf. les travaux de I. M. Pepperberg, 1991), les mammifères marins (cf. les travaux de L. M. Herman et ses collaborateurs sur le dauphin, 1984, ceux de R. J. Schusterman et R. Gisiner sur l'otarie, 1988), et surtout les anthropoïdes (les recherches citées plus haut de R. A. et B. T. Gardner, T. Matsuzawa, D. Premack et D. M. Rumbaugh sur les chimpanzés, et aussi celles de F. G. Patterson et E. Linden, 1981, et de H. Lyn Miles, 1983, qui ont appris le langage gestuel des sourds respectivement à un gorille et à un orang-outan).

Historiquement, les premières recherches, notamment celles de R. A. et B. T. Gardner, ont été menées dans un cadre béhavioriste. L'étendue du vocabulaire par signaux gestuels de Washoe était comparable à celle du vocabulaire utilisé par un enfant de deux ans (R. A. et B. T. Gardner, 1978). Aussi a-t-on considéré qu'elle avait acquis le langage. Dans les recherches plus récentes, comme celles des Rumbaugh, les auteurs se sont davantage souciés d'intégrer une référence permanente à l'ensemble des facteurs censés jouer un rôle dans l'acquisition du langage chez l'homme. Il ne faut pourtant pas se laisser abuser par le côté spectaculaire et médiatique de ces recherches. Ces travaux (pour une vue d'ensemble, voir le livre de H. L. Roitblat,

L. M. Herman et P. E. Nachtigall, 1993) comportent de nombreuses limites, tant au niveau méthodologique qu'à celui de leur signification et de leur portée. Quelques-unes de ces limitations (absence de syntaxe dans les productions gestuelles, par exemple) ont été mentionnées au chapitre précédent (pour une critique radicale de ces travaux, voir J. Wallman, 1992). Aussi est-il nécessaire de s'arrêter sur trois problèmes, généralement oubliés dans l'évaluation de ces études.

Premier problème : les échanges impliqués dans ces apprentissages concernent des relations interspécifiques (homme/singe). Bien que présentant un intérêt indéniable, ils ne satisfont pas aux conditions imposées par la communication intraspécifique (cf. chapitre 6), ancrée dans l'organisation sociale du groupe ou de l'espèce.

Deuxième problème : les systèmes artificiels introduits chez les animaux n'ont pas donné lieu à une évaluation de leur complexité relative en regard des systèmes de communication dont ces espèces disposent naturellement. Les échanges appris par les singes dans les expériences de langage sont sans doute moins riches et diversifiés que les stratégies spontanément employées dans le jeu des interrelations et des négociations sociales des primates non humains. Je renvoie aux travaux déjà cités de D. L. Cheney et R. M. Seyfarth sur le singe vert (cf. chapitre 6), et à ceux de F. de Waal (1989 ; voir aussi A. H. Harcourt et F. de Waal, 1992). On devrait aussi s'interroger sur la parenté entre certains matériels utilisés (les pièces de plastique ou les lexigrammes) avec les anthropoïdes et les mots du langage. Les lexigrammes, par exemple, fonctionnent comme des symboles à structure simple : ils n'ont pas d'équivalent de la double articulation et ne possèdent pas non plus de marques d'énonciation. Sur les particularités des signaux gestuels, voir U. Bellugi et E. S. Klima (1978).

Troisième problème : y a-t-il, comme pour le langage humain, transmission éventuelle au sein d'un sous-groupe du code appris par les chimpanzés ? Les quelques données disponibles montrent que si on observe bien un certain usage des gestes (langage des sourds) par les congénères, ces gestes sont utilisés exclusivement dans un contexte de jeu social ou de réassurance, mais jamais pour communiquer à propos d'objets ou d'événements extérieurs (R. S. et D. H. Fouts et D. Schoenfeld, 1984).

Qu'apportent, en fin de compte, toutes les études qui ont eu pour objectif de tester les aptitudes linguistiques des primates non humains ? Elles démontrent de manière indiscutable les capacités de représentation de certains primates. Pour ces derniers, à la différence de la plupart des autres espèces animales, ces capacités s'expriment certes par le recours à des substituts internes, mais elles peuvent également, en fonction d'un contexte approprié, utiliser des substituts externes, objectivés, susceptibles de se différencier et de se généraliser. Quant à la communication animale, on a observé que, dans le cadre d'activités de coopération sociale de complexité variable, des unités comportementales ont pu se libérer de la chaîne des conduites préprogrammées pour acquérir une relation à caractère stable et relativement spécialisée. En quoi cette communication animale se distingue-t-elle alors de la communication linguistique ? Une des propriétés fondamentales de la communication chez l'homme est la présence d'une *convention sociale*. Celle-ci rend possible, pour des sous-groupes différents, des relations arbitraires entre le signifiant et le signifié qui composent les signes linguistiques. C'est pourquoi l'étude des communications animales devrait se donner comme objectif prioritaire, si elle souhaite conserver son ambition de comparer les systèmes animaux avec la communication de type linguistique, la recherche de ces « conventions sociales » et des procédures qui pourraient conduire à leur élaboration. L'analyse des faits de communication en situation naturelle offrira les conditions appropriées pour appréhender la forme et la variété de telles conventions.

Continuité/discontinuité

Je propose deux thèses, qui, bien qu'empruntant leurs concepts à des domaines distincts, aboutissent à une conclusion identique sur l'existence d'une discontinuité du langage humain par rapport aux systèmes de communication animale.

Toutes les espèces animales manifestent, à des degrés divers, des capacités de représentation. De très nombreuses espèces, et particulièrement celles où les contraintes de la vie en groupe sont fortes (c'est bien entendu le cas des primates), font également preuve de capacités de communication ayant certaines propriétés du langage. Par rapport aux deux domaines de la représentation et de la communication, les données que j'ai réinterprétées ici dans une terminologie cognitiviste sont en faveur de la thèse continuiste entre l'animal et l'homme. Si la rupture n'est donc ni dans la représentation comme telle, ni dans la communication comme telle, je propose de la voir dans l'apparition dans l'espèce humaine du langage verbal, qui a eu un effet démultiplicateur des capacités représentatives (verbales) ainsi que des capacités communicatives (verbales).

Comme J.-P. Bronckart, F. Parot et J. Vauclair l'ont écrit ailleurs (J.-P. Bronckart *et al.*, 1987), « *la spécificité du langage humain est essentiellement d'ordre fonctionnel*. D'une part, ce système de communication utilise des substituts représentatifs, ce qui permet à l'émetteur de prendre connaissance du statut du comportement émis, de contrôler son message, et donc de le doter d'"intentions" ; d'autre part et corrélativement, les substituts, jusque-là *cognitivo-physiques* (fruits de l'interaction entre un organisme et le milieu), deviennent *cognitivo-sociaux* (fruits d'une convention sociale fixant la "valeur" des unités » (p. 117). Je ne m'étendrai pas sur les conditions historiques qui ont permis l'émergence sur le plan phylogénétique du langage comme instrument psychologique fusionnant les processus de la représentation et de la communication (cf., par exemple, L. S. Vygotsky, 1985). Le lecteur trouvera dans A. Vinter (1987) des hypothèses concernant les liens entre ces deux domaines au cours de l'ontogenèse humaine.

La conception discontinuiste du langage considère celui-ci comme le produit de la représentation et de la communication. Dans cet esprit, J.-P. Bronckart (1978) a défendu la thèse selon laquelle l'apparition de l'homme est le résultat non seulement d'une évolution sur le plan biologique (à travers le jeu des mutations et de la sélection), mais encore de transformations sociales. Cette conception soutient donc l'idée que le langage ne peut pas être considéré comme dérivant seulement d'une transformation d'ordre biologique, avec comme conséquence secondaire l'apparition du phénomène social et culturel, mais plutôt comme le résultat d'une progression à la fois biologique et sociale. L'émergence d'une forme nouvelle de représentation pourrait à la rigueur être expliquée par des changements d'ordre biologique, mais pas la fusion des deux modes de communication et de représentation.

Appliquée à l'animal, cette thèse énonce que les processus de communication et de représentation sont présents, mais de manière séparée. A l'extrême, cela revient à affirmer que les modes de représentation, même très élaborés, n'ont aucune fonction communicative, alors que, de leur côté, les communications n'utilisent pas de substituts représentatifs au niveau individuel.

De telles idées, qui font intervenir des facteurs biologiques et sociaux dans le processus d'hominisation, rejoignent certains modèles contemporains en paléontologie. Ces théories (D. C. Johanson et T. D. White, 1979 ; C. O. Lovejoy, 1981) envisagent l'hominisation comme résultant à la fois de changements morphologiques liés à la position bipède et de changements dans le comportement sexuel (par exemple, la perte de l'œstrus), ainsi que dans le comportement social (par exemple, le partage alimentaire et l'investissement parental accru dans l'élevage des enfants).

La notion de construction individuelle est évidemment cruciale pour distinguer les formes et les niveaux de communication (J.-P. Bronckart, 1987). J.-P. Bronckart envisage au moins trois cas de figure dans l'origine de la gestion des règles communicatives. Premièrement, cette gestion peut être du ressort de l'espèce, et donc de son potentiel génétique. C'est probablement le cas pour les échanges relativement rigides où l'information véhiculée par le comportement déclenchant dépend souvent des rapports qu'il entretient avec le contexte, c'est-à-dire avec un ensemble de paramètres physiques et sociaux de la situation d'émission. Seulement, et c'est le deuxième cas, cette interdépendance comportement-contexte peut être elle-même soumise à un ensemble de règles en vigueur dans le groupe. Ces règles se manifestent à travers les échanges conventionnels, dont on a vu des exemples chez les primates. Enfin, troisième cas de figure, cette gestion peut être accessible à un contrôle partiel par les individus. On se trouverait ici dans une situation qui suppose l'intervention d'instruments individuels de représentation dans les processus de communication.

La réalité empirique a, à maintes reprises, démenti la séparation totale des deux systèmes de représentation et de communication. Sur le plan communicatif, les comportements qui font partie de la reconnaissance des liens de filiation ont montré sans ambiguïté le recours non seulement à des supports représentatifs, mais encore à des opérateurs de type logique, comme la transitivité, qui sont implicites et sous-jacents à ces échanges. On peut donc en conclure que des éléments représentatifs sont insérés dans les séquences d'échanges entre individus. Une question se pose. Ces échanges sont-ils élaborés individuellement ? Dans ce domaine, seule l'analyse ontogénétique des modes d'interaction pourra permettre de répondre à ces questions. En ce qui concerne les vervets, on assiste, au cours de l'ontogenèse, à des changements à la fois des capacités de compréhension et de celles de reproduction des cris d'alarme (M. D. Hauser, 1989). Un phénomène identique apparaît chez l'oiseau (P. Marler, 1984) pour l'acquisition des chants. Ces acquisitions sont soumises à l'influence de l'exposition à des stimulations acoustiques, à l'expérience sociale et à des facteurs maturationnels (changements morphologiques). Il reste à évaluer, pour les apprentissages chez ces espèces, dans quelle mesure les changements individuels ont recours à des substituts représentatifs et dans quelle mesure ceux-ci sont référés aux éventuelles normes et conventions imposées par le groupe.

Jean-Marie Vidal (1985, 1987) fait appel à des conceptions psychanalytiques de la structuration affective pour rendre compte de la discontinuité de l'espèce humaine dans la continuité évolutive du règne animal. Il s'appuie sur les observations selon lesquelles les animaux incluent rarement des objets inertes ou des « objets » vivants dans leurs relations dyadiques, alors que de tels objets sont très précocement introduits par le parent humain dans sa relation à l'enfant. Le fait intéressant à noter est que l'enfant humain va de lui-même inclure à son tour des objets dans sa relation à autrui, avec sa mère en particulier. Donald W. Winnicott (1975) insiste, lui, sur l'importance que revêt cet objet « transitionnel » dans la structuration psychologique de l'enfant en développement. La présence d'un objet « tiers » dans les relations mère/enfant démontre, pour J.-M. Vidal, l'existence chez l'homme de *triades symboliques*, le troisième élément de la triade pouvant être un autre élément réel (le père) ou un objet « fétiche ».

Selon J.-M. Vidal, cette dimension symbolique est propre au petit de l'homme et elle se répercute sur les facteurs de *proximité/distance* et de *ressemblance/dissemblance* qui agissent sur les conduites et leurs motivations : « Les conduites des vertébrés supérieurs et les motivations qui les sous-tendent sont réglées par des facteurs de proximité-distance et de ressemblance-dissemblance de leurs objets familiers d'attachement et des objets ou partenaires, autres, auxquels ils sont confrontés ; ces mêmes facteurs de proximité-distance et de ressemblance-dissemblance sont apparemment tout aussi déterminants pour les êtres humains, et là résiderait la continuité des processus dans les conduites animales et humaines ; mais là aussi s'arrêterait cette continuité, car l'ordre symbolique exclusivement humain permet de remanier de manière quasi illimitée les caractéristiques physiques, spatio-temporelles et figuratives de ces proximités-distances et de ces ressemblances-dissemblances » (J.-M. Vidal, 1985, p. 83).

Les procédés symboliques vont s'exprimer bien entendu essentiellement à travers les *actes du langage* et vont profondément remanier les représentations que les individus se font des dimensions mentionnées ci-dessus. Exemples de ces procédés : la nomination, l'invective, mais aussi le fait d'ignorer la présence de l'autre par une absence de parole.

Les actes du langage définis par J.-M. Vidal renvoient aux aspects intersubjectifs de la communication. Cette dimension prolonge le langage conçu comme un système de représentation. L'étude des conditions de l'interaction communicative se rapporte à cette spécialité de la linguistique appelée la *pragmatique* (J. Caron, 1989). Dans le cas de la pragmatique, les linguistes s'intéressent à la finalité globale de la communication, dans laquelle le locuteur effectue une action à l'aide du langage. Ce processus est appelé *énonciation*. Selon E. Benveniste (1966), l'énonciation désigne les modes d'intervention du locuteur dans l'activité langagière. Il s'agit par exemple de l'indication de l'identité de la personne qui assume l'énoncé (emploi du pronom), de la situation du locuteur dans le temps et/ou dans l'espace (indiquée par le temps des verbes). Une des tâches du linguiste est donc l'étude du « processus d'énonciation dans le cadre général d'un événement communicatif, incluant notamment les gestes et les normes sociales » (A. Berrendonner, 1982, p. 30). La communication dans les langues naturelles a cette particularité, que ne partagent ni les langages formels (mathématiques, par exemple), ni, apparemment, le « langage des animaux », non pas simplement de renvoyer à un contenu conceptuel, mais de constituer un *acte d'énonciation*.

Ces actes sont réalisés à l'aide de divers procédés linguistiques, les *marques déictiques*. Celles-ci ont pour fonction de « désigner ce dont on parle en le situant par rapport à un système de référence défini par la situation d'énonciation » (J. Caron, 1989, p. 171). Ce système de référence comporte trois éléments principaux, les partenaires et leur statut (l'usage du « tu » par opposition au « vous »), le lieu de l'énonciation et le temps de l'énonciation. Ce marquage apparaît déjà dans les conduites prélinguistiques, notamment dans les activités de pointage, lorsque des objets sont introduits dans les échanges communicatifs entre la mère et l'enfant (cf. chapitre 6). *D'autres moyens, de type lexical ou syntaxique*, s'ajoutent aux marques déictiques. Ils concernent certains types d'actes de langage (par exemple les ordres ou les interrogations) et, de manière générale, toutes les règles conversationnelles (P. Grice, 1979) qui ont pour finalité de spécifier la fonction du contenu propositionnel dans l'acte de communication particulier.

On a tout lieu de penser que ces éléments pragmatiques sont absents des interactions communicatives entre les animaux. Dans ce cas, leurs messages concerneraient exclusivement les référents, sans que les paramètres de l'énonciation soient exprimés par des signaux spécifiques.

Enfin, comme l'a montré Jonathan Bennett (1976), les actes du langage supposent au moins une intentionnalité d'ordre 3 de la part de l'émetteur comme de la part du destinataire (du type : A souhaite que B reconnaisse que A croit *p*). Les niveaux élevés d'intentionnalité impliquent dès lors une conceptualisation de soi comme agent. L'intentionnalité d'ordre 3 indique en effet une capacité à attribuer aux autres une connaissance, une croyance. L'attribution propre au langage suppose donc qu'un individu reconnaisse qu'il a une connaissance, que les autres ont une connaissance et qu'il peut y avoir divergence entre sa connaissance et celle des autres.

Si l'on pouvait montrer l'existence d'une telle attribution chez l'animal, on serait dans une position favorable pour affirmer que l'individu manipule son code, autrement dit, qu'il se le représente. On aurait donc montré qu'il y a intention (« consciente » ?) de communiquer.

En conclusion, si d'aventure un chercheur voulait tenter d'établir la ressemblance entre les communications animales et le langage humain pour défendre la thèse de la continuité, son programme de recherches devrait inclure l'analyse des facteurs pragmatiques qui organisent les interactions et qui construisent les relations entre les partenaires, en termes d'actes énonciatifs, caractéristiques des échanges humains.

8. Processus cognitifs et évolution

Scénarios à propos de l'évolution de l'intelligence

Si l'intelligence est définie comme une capacité de représentation *au sens large* (cf. chapitre 6), à partir du moment où les espèces sont adaptées à leur niche écologique, c'est-à-dire qu'elles sont capables de se nourrir, de se reproduire, de s'abriter et d'éviter les prédateurs éventuels, toutes les espèces sont intelligentes. Une telle affirmation n'est pas triviale, mais n'est pas non plus très informative sur les mécanismes qui règlent ces adaptations. Si l'on ne se satisfait pas de ce constat *a posteriori* sur les adaptations et que l'on souhaite mieux comprendre leur émergence, il peut être bon de revenir à la conception darwinienne à propos de la direction de l'évolution mentale. On pourra ainsi poser la question de la diversification des fonctions cognitives et celle de l'existence éventuelle de niveaux évolutifs de l'intelligence, comme on a pu en décrire à propos d'autres caractères biologiques (organes, etc.).

Pour rendre compte de l'évolution de l'intelligence au cours de l'histoire des espèces, la théorie synthétique de l'évolution (J. S. Huxley, 1943) propose deux concepts intéressants : celui d'anagenèse et celui de cladogenèse (B. Rensch, 1959). L'anagenèse sert à décrire les changements progressifs d'une structure ou d'une fonction selon une séquence évolutive de traits caractéristiques. La cladogenèse désigne le phénomène de diversification et la création de nouvelles espèces.

Perspective anagénétique

Le concept central de *degrés d'évolution* est associé à l'anagenèse. Ces degrés représentent des stades ou des niveaux distincts d'organisation dans une série évolutive de traits morphologiques, physiologiques ou comportementaux (J. Demarest, 1983). Les études anagénétiques sont surtout utilisées en paléontologie, où l'on peut comparer des traces d'espèces anciennes avec des formes plus récentes. La grande difficulté avec le comportement, c'est qu'il ne laisse pas de traces fossiles. Il est donc virtuellement impossible de comparer un caractère actuel du comportement avec son ancêtre. Des méthodes indirectes ont été cependant proposées pour contourner cet obstacle important à l'application du concept d'anagenèse aux capacités d'apprentissage et à l'intelligence. Une de ces méthodes est liée à l'hypothèse d'une corrélation entre l'accroissement du poids du corps (et donc de celui du cerveau) et les capacités d'apprentissage. Dans la mesure où la taille finale du cortex cérébral croît plus vite que le reste du cerveau, un plus grand nombre de cellules corticales seront disponibles pour traiter des apprentissages plus complexes (B. Rensch, 1953). Cette corrélation est en fait globalement vérifiée non seulement entre groupes taxinomiques différents, mais encore à l'intérieur même de grands groupes comme les oiseaux ou les mammifères.

Hiérarchie des capacités et échelle zoologique

Un des objectifs de la psychologie comparative a été, de tout temps, de concevoir des tests comportementaux permettant de saisir les capacités d'apprentissage des espèces afin de les classer conformément à leur position dans la taxinomie zoologique. Ces travaux n'ont pas été couronnés de succès, dans la mesure où l'application des tests d'apprentissage aux espèces les plus diverses n'a pas permis de mettre en évidence des différences fondamentales entre elles. Ainsi, O. Skard (1950), en mesurant la vitesse d'acquisition (nombre d'essais) pour maîtriser un labyrinthe complexe, ne trouve aucune différence entre le rat et l'homme. De la même façon, J. M. Warren (1965, 1973) n'a pas réussi à différencier, pour des apprentissages discriminatifs, les performances du poisson rouge de celles du poulet, du chat et du macaque rhésus. Une des raisons de l'échec de cette approche tient au fait que des procédures d'apprentissage identiques sont appliquées à des espèces très éloignées les unes des autres, sans qu'il soit tenu compte des caractéristiques propres à chacune d'elles : équipement sensori-moteur, motivations, par exemple. Le choix de la vitesse d'acquisition comme mesure d'apprentissage illustre parfaitement les difficultés qu'il y a à réaliser une comparaison interspécifique des capacités d'apprentissage. La vitesse d'apprentissage est très largement dépendante des comportements retenus pour l'évaluer. Par exemple, il est facile de démontrer qu'un rat apprendra très rapidement à appuyer sur un levier pour se procurer de la nourriture, alors qu'il rencontrera considérablement plus de difficultés à produire la même réponse d'appui sur le levier dans le but d'échapper à des chocs électriques (R. C. Bolles, 1972).

Certaines tentatives sont toutefois plus prometteuses que les approches strictement quantitatives. C'est le cas des travaux expérimentaux et des élaborations théoriques conduits, chez les primates, par Harry F. Harlow sur les *learning sets*, ou « apprentissages à apprendre » (H. F. Harlow, 1949). Dans des expériences d'apprentissage de discrimination avec des macaques, H. F. Harlow observe que, pour une classe de problèmes donnés, la maîtrise d'un problème a un effet « facilitant » pour apprendre des problèmes nouveaux. Par exemple, les macaques, après avoir réalisé plusieurs centaines de discriminations successives, parviennent à résoudre de nouveaux problèmes en un seul essai. Une telle facilité exprime le fait que l'apprentissage ne se réduit pas à de simples connexions entre les stimuli et la ou les réponses, mais suppose l'établissement d'un principe ou d'une règle. Ce principe, acquis par l'animal à travers l'apprentissage, expliquerait, selon H. F. Harlow, que les modes d'acquisition puissent se libérer des conditions d'association du stimulus et de la réponse. L'existence d'un tel principe rendrait également possible l'apprentissage en un essai.

Les idées de H. F. Harlow ont eu des prolongements récents

Cinq types

Selon W. H. Thorpe (1956), les mécanismes sous-jacents aux divers types d'apprentissage observés chez les animaux se réduiraient principalement à cinq : l'habituation, le conditionnement classique, l'apprentissage par essais et erreurs, l'apprentissage latent et l'insight ou compréhension soudaine. Ces mécanismes sont ordonnés du plus simple au plus complexe. L'*habituation* se définit par une diminution relativement permanente d'une réponse à la suite de la présentation répétée d'une stimulation, non suivie de renforcement. Le *conditionnement* est divisé en deux catégories : le *conditionnement classique ou pavlovien*, décrivant les situations de connexion entre un stimulus (par exemple, un son) et un événement biologiquement significatif (par exemple, la présentation de nourriture) ; le conditionnement instrumental s'applique aux associations entre un comportement de l'animal et un événement qui en découle (par exemple, l'appui sur un levier provoque la distribution d'une récompense). L'*apprentissage par essais et erreurs* se définit comme « le développement d'une association, faisant suite au renforcement intervenu entre une condition de stimulation et une action motrice indépendante ». Ce type couvre un large domaine et comprend tous les cas d'apprentissage perceptif (discrimination entre formes, par exemple) et moteur (apprentissage de parcours dans un labyrinthe). L'*apprentissage latent* se distingue du mécanisme précédent par l'absence

avec le concept d'*indice de transfert,* mis en évidence par D. M. Rumbaugh et ses collaborateurs (par exemple, D. M. Rumbaugh et J. L. Pate, 1984). Ces études portent sur des primates et utilisent des tâches de discrimination visuelle. Les capacités d'apprentissage des pongidés diffèrent qualitativement de celles observées chez les prosimiens. Par exemple, l'augmentation de la capacité à apprendre avec l'échelle évolutive est couplée avec certaines modifications, comme la diminution de l'inhibition vers le stimulus incorrect, puis, ultérieurement, une forte tendance à rechercher des stimuli nouveaux. Ces différents phénomènes provoquent vraisemblablement la libération des liaisons établies entre un stimulus spécifique et une réponse contingente. Une telle vision de l'apprentissage chez les primates apporte des arguments supplémentaires à l'hypothèse soutenue tout au long de ce livre

d'apprentissage

de renforcement. Des rats placés dans un labyrinthe effectuent des discriminations avec très peu d'erreurs quand ils ont eu l'occasion, au cours d'une phase antérieure, d'explorer le labyrinthe. Ce phénomène a été initialement décrit par E. C. Tolman pour démontrer que le renforcement ne constitue pas une condition nécessaire à l'apprentissage. Le dernier type d'apprentissage, désigné par la notion de *compréhension soudaine*, s'oppose à l'apprentissage par essais et erreurs, car il repose sur l'idée que l'organisme a une perception directe et intuitive de la situation. Cette perception lui permet de parvenir à la bonne solution sans passer par les étapes de consolidation progressive des associations entre stimuli et réponses. Ce processus, décrivant une apparition brusque de la bonne réponse, est connu sous le nom d'*insight*. Le comportement des chimpanzés de W. Köhler, empilant des caisses pour pouvoir accéder à un objet convoité ou assemblant spontanément des bâtons, sert généralement d'illustration de ce dernier type d'apprentissage.

Pour une présentation détaillée de la problématique de l'apprentissage et des théories en présence, je renvoie le lecteur intéressé aux ouvrages suivants : F. Y. Doré, 1983 ; A. Dickinson, 1984 ; J. M. Pearce, 1987 ; H. L. Roitblat, 1987 ; S. Walker, 1987.

concernant l'existence d'une représentation des objets chez l'animal.

Parallèlement à ces démarches de classement de diverses espèces animales sur une échelle de performances d'apprentissage, Harry J. Jerison (1973) a tenté de construire une hiérarchie entre les vertébrés, en calculant un taux entre le poids du cerveau et le poids du corps. Il trouve de façon générale que le poids du cerveau, pour un poids du corps donné, est le plus élevé chez les vertébrés supérieurs. Des comparaisons plus précises (mesure d'un indice de céphalisation : cf. figure 24) peuvent nous conduire à regrouper des espèces comme l'homme, le dauphin et le chimpanzé, conformément à l'idée intuitive que chacun peut se faire de l'intelligence de ces espèces.

Si, globalement, la mesure de la taille du cerveau fournit un bon indice pour évaluer les capacités d'apprentissage et les

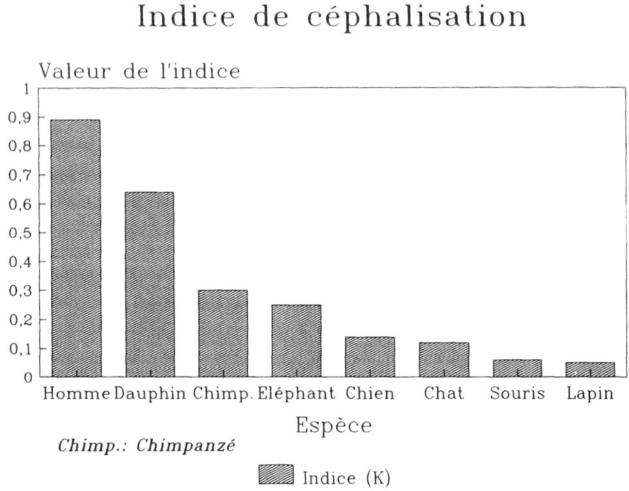

Figure 24. L'indice de céphalisation (K) est obtenu en divisant le poids du cerveau (E) par le poids du corps (P), à l'aide de la formule E/P2/3. On considère que la surface du corps est un élément déterminant pour la part du cerveau mobilisée dans le traitement des processus somatiques. Comme le volume d'un animal est lié à sa longueur au cube, alors que la surface est calculée à partir du carré de la longueur, il s'ensuit que pour les animaux de grande taille, la part du cerveau nécessaire au contrôle des fonctions somatiques est plus restreinte que celle des animaux de petite taille. C'est pourquoi la valeur exponentielle 2/3 est utilisée pour calculer K. L'indice fournit une indication sur le volume du cerveau disponible pour les fonctions cognitives. Comme on peut le constater, l'échelle qui est obtenue pour les différentes espèces représentées sur la figure est conforme à l'idée intuitive qu'on peut se faire de la hiérarchie entre les groupes d'animaux. (D'après H. J. Jerison, 1973.)

capacités cognitives en général, l'application de cet indice ne conduit cependant pas forcément à faire apparaître une augmentation régulière et progressive de la taille du cerveau entre le bas et le haut de l'échelle phylogénétique.

Comme l'a montré H. J. Jerison (1973), la taille du cerveau est également liée à des contraintes dans l'écosystème pour des groupes d'organismes qui entretiennent des rapports particuliers entre eux. C'est le cas de certains carnivores et de leurs proies (ongulés herbivores). Proies et prédateurs ont manifesté une augmentation continue de la taille de leur cerveau au cours de leur évolution, mais, à chaque grand saut évolutif, les carnivores ont toujours possédé un indice de céphalisation plus élevé que les ongulés. En revanche, dans certaines zones géographiques, comme en Amérique du Sud, où ne se trouvent pas de grands carnivores, la taille du cerveau des herbivores n'a pas augmenté. Tout se passe comme si l'existence de prédateurs dotés d'un grand cerveau avait créé une pression sélective sur les herbivores, qui ont répondu de leur côté à cette pression par une augmentation de la taille de leur cerveau. L'augmentation cérébrale des herbivores a, à son tour, constitué une pression sélective sur les carnivores, qui a provoqué une augmentation de la taille de leur cerveau, permettant de garder une avance sur leurs proies et donc d'être efficaces dans la chasse.

Si l'évolution a produit un cerveau de plus en plus gros et un cortex de plus en développé, ces modifications devraient aussi s'observer par des changements dans leur organisation. Il est aujourd'hui largement admis qu'il y a eu, au cours du processus évolutif, au moins chez les vertébrés, augmentation de la complexité structurale du cortex. Cet accroissement structural concerne, par exemple, le nombre de cellules corticales qui vont permettre une meilleure « division du travail » entre les tissus, et donc un fonctionnement globalement de plus en plus efficace. Il est très improbable que cette différenciation corticale n'ait pas favorisé à son tour des fonctions comme les sensations, la perception et l'apprentissage. Les neurosciences contemporaines apportent d'ailleurs des arguments supplémentaires en faveur de l'hypothèse d'un accroissement de la complexité structurale avec les espèces. Les représentations sensorielles dans le cerveau (appelées « cartes ») se sont multipliées au cours de la diversification des espèces, tout au moins chez les mammifères (J. H. Kaas, 1987). Les primates et les carnivores ont ainsi développé, en plus du plan sensoriel de base constitutif de l'héritage commun de tous les mammifères, une douzaine de cartes supplémentaires du champ visuel.

Perspective cladogénétique

La perspective cladogénétique s'oppose à l'approche anagénétique. Plutôt qu'une échelle de la vie, la cladogenèse prend le modèle d'un *arbre de vie* comportant de nombreuses branches et des rameaux morts. De ce point de vue, toutes les espèces actuelles sont aussi évoluées : elles sont situées au même niveau et occupent la même place à l'extrémité des rameaux de l'arborescence. La cladogenèse représente, pour la majorité des biologistes, le mode d'expression essentiel de l'évolution. Cette position permet ainsi d'envisager l'apparition, avec la notion d'« évolution mosaïque » (différents caractères évoluant à différentes vitesses dans une même lignée : D. J. Futuyma, 1986), de discontinuités, y compris dans la cognition, entre groupes phylogénétiquement proches, comme les anthropoïdes et l'homme.

Une description, foncièrement cladogénétique, de l'arbre évolutif est proposée par la théorie des *équilibres intermittents* ou *ponctués* (N. Eldredge et S. J. Gould, 1972 ; M. Blanc, 1990). Pour l'essentiel, cette théorie remet en question l'idée selon laquelle les changements adaptatifs sont orientés et déterminés par le seul environnement. Les modifications qui apparaissent orientées (vers une plus grande complexité, une plus grande intégration ou une plus grande efficacité) résultent des aléas de périodes de désordre sélectif, suivies de périodes de stabilisation appelées « stases ». Les changements sont limités à des adaptations successives produites à la suite de transformations locales de l'environnement. Mais, comme ces transformations locales fluctuent aléatoirement, il est impossible de prédire si un changement dans une direction pour une génération donnée perdurera pour la génération suivante. L'application de cette théorie au comportement incite à penser que l'évolution mentale est essentiellement non directionnelle, dans la mesure où elle n'est que le reflet d'adaptations à des environnements spécifiques.

L'approche anagénétique a été fortement critiquée pour son anthropocentrisme et pour avoir introduit une « scala naturae » dans les phénomènes psychologiques (W. Hodos et C. Campbell, 1969). Si, comme nous le démontrent les tenants de la vision cladogénétique, l'évolution procède fondamentalement par divergence, il faut alors reconnaître qu'elle brouille nos pistes et que, par le jeu de l'extinction de certaines espèces et de la création d'autres espèces, elle coupe les ponts derrière elle.

Rejeter de façon définitive l'approche anagénétique est cependant prématurée (M. Yarczower et B. Yarczower, 1979). La notion de stade peut être utile à conserver, à condition, comme le rappellent C. Campbell et W. Hodos (1991), de ne pas faire de leur succession une représentation des étapes évolutives de structures spécifiques de comportements. Les tenants du béhaviorisme classique (E. L. Thorndike, J. B. Watson, B. F. Skinner) ont manifestement opté pour une anagenèse continue (J. Demarest, 1983), alors que des théoriciens de l'apprentissage comme P. Rozin (1976) préfèrent une interprétation des adaptations comportementales en termes d'équilibres ponctués. Cette théorie peut également englober les phénomènes de « contrainte biologique » agissant sur les apprentissages.

Ces contraintes rendent compte à la fois des différences qualitatives entre espèces dans les apprentissages et de la liaison des apprentissages à un contexte particulier, voire à un stimulus particulier. Le cas du goéland étudié par N. Tinbergen (1951) peut servir à illustrer de telles contraintes. Le goéland, s'il reconnaît individuellement ses propres poussins après quelques jours, est en revanche incapable de discriminer ses propres œufs de ceux d'autres espèces, même si les œufs étrangers se distinguent très nettement par leur forme ou par leur couleur. Cette particularité du comportement de l'oiseau peut être interprétée de façon convaincante dans le cadre de la théorie des équilibres ponctués, qui postule l'établissement de solutions spécialisées aux problèmes spécifiques rencontrés par un organisme dans ses adaptations vitales.

Quelle approche comparative pour le comportement et la cognition peut être alors recommandée quand on ne dispose que des espèces actuelles et que les phénotypes étudiés sont souvent mal définis ?

Types de comparaisons

		RELATION GENETIQUE élevée	RELATION GENETIQUE faible
RELATION ECOLOGIQUE	élevée	Comparaison microévolutive	Comparaison écologique
	faible	Comparaison phylogénétique	Comparaison protoévolutive

Une précaution essentielle à prendre dans ces comparaisons est de repérer si les comportements sont *analogues* (s'ils possèdent une ressemblance formelle par suite de convergence évolutive) ou s'ils sont *homologues* (s'ils possèdent une parenté génétique ou phylogénétique, en provenant d'un ancêtre commun). Le contrôle de l'origine d'un trait est toutefois réalisable si les comparaisons sont limitées à un groupe d'espèces dont les liens phylogénétiques sont clairement établis. Afin de démêler la part jouée par l'homologie et l'analogie, W. Timberlake (1993) propose de catégoriser les comparaisons des comportements en fonction de deux niveaux (élevé ou faible) selon les deux dimensions génétique et écologique. Parmi les quatre catégories résultant de ces croisements, celle qui maximalise les contributions de la phylogenèse et de l'écologie est appelée comparaison *« microévolutive »*.

L'approche microévolutive met de plus en valeur le rôle du développement comme « médiateur critique » de l'évolution. Les psychologues comparatistes et ceux intéressés par l'apprentissage se sont longtemps cantonnés à des comparaisons protoévolutives. Si, comme le propose W. Timberlake, les études futures sur le comportement et la cognition prennent

Les contraintes biologiques sur l'apprentissage

Selon le principe béhavioriste d'équipotentialité des stimuli, « la formation d'une association, et donc l'apprentissage sont indépendants de la nature des événements présents dans la situation » (F. Y. Doré, 1983, p. 63). La notion de « contrainte biologique » remet en question ce principe. Les contraintes biologiques font dépendre les apprentissages des capacités de l'espèce, mais aussi de pressions sélectives, qui ont favorisé, au cours de l'évolution, des formes particulières d'association entre les stimuli de l'environnement.

Par exemple, l'abeille butineuse apprend en un seul essai à associer de la nourriture à une odeur particulière (stimulus-objet). Il lui faudra en revanche plusieurs essais pour associer la nourriture avec un stimulus-objet distingué par sa couleur, et plus de vingt essais seront nécessaires pour que l'abeille réponde correctement au stimulus « forme ». Autrement dit, une espèce peut avoir certaines prédispositions pour apprendre dans des contextes particuliers, alors que, en fonction de la signification biologique des stimuli rencontrés ou de leur absence, elle peut être plus ou moins apte à apprendre dans d'autres contextes. De telles contraintes se manifestent dans le comportement alimentaire : elles concernent l'aversion gustative apprise. J. Garcia et ses collègues (1976) ont ainsi montré que le rat associe très rapidement (il apprend en un seul essai) la saveur d'un aliment au malaise qui lui est associé, à la suite de l'ingestion de chlorure de lithium. En revanche, il est pratiquement impossible de faire associer au rat la saveur d'un aliment à un stimulus nociceptif, comme un choc électrique sur les pattes.

Tous ces travaux, en accentuant le rôle joué par les combinaisons particulières de stimuli et les degrés divers de préparation d'un organisme à émettre une réponse plutôt qu'une autre (M. E. P. Seligman, 1970), ont contribué de manière significative à remettre en cause l'universalité des lois de l'apprentissage. Ces recherches ont aussi consacré le rapprochement entre l'éthologie et la psychologie de l'apprentissage, observé dès le début des années 1970, avec, notamment, l'ouvrage collectif *Constraints on Learning*..., édité par R. A. Hinde et J. G. Stevenson-Hinde (1973).

enfin la voie des comparaisons microévolutives, ce sera, cependant, au prix d'une limitation stricte de ces comparaisons à des espèces génétiquement proches.

Il faut bien noter que le modèle néo-darwinien traditionnel ne tient pas compte de l'action des phénotypes dans le processus adaptatif. Or le comportement et les capacités cognitives sont d'abord des phénotypes. Flexibles, ces phénotypes sont donc susceptibles de participer activement aux processus adaptatifs. Pour certains auteurs, cette plasticité constitue même la cible principale de la sélection naturelle (S. Wright, 1931).

Comportement et évolution

Des prolongements de la théorie synthétique de l'évolution invoquent en effet un rôle possible du comportement dans l'évolution. C. H. Waddington (1975) et J. Piaget (1976) avaient déjà insisté sur le rôle des facteurs épigénétiques dans l'évolution à travers le concept d'« assimilation génétique ». Partant de l'idée que les pressions de sélection agissent sur les caractères phénotypiques (dont le comportement fait partie), et non directement sur les gènes, C. H. Waddington a proposé l'expression d'« assimilation génétique » pour rendre compte de la diffusion de variations génétiques pré-existantes ou de recombinaisons génétiques, correspondant aux phénotypes les plus aptes (M. Vancassel, 1990). Selon Stephen J. Gould (1982), des variations génétiques au cours de l'embryogenèse pourraient agir au niveau macro-évolutif et être impliquées notamment dans la production de variantes phénotypiques. Ces variantes ou néophénotypes (G. Gottlieb, 1987) imposeraient des contraintes aux chemins possibles que pourrait prendre l'évolution. Les mécanismes précis selon lesquels le développement agirait sur les processus évolutifs ne sont pas connus. Pour certains auteurs comme G. Gottlieb (1987), des changements dans le comportement pourraient produire des modifications d'ordre morphologique et ultimement génétique, sous l'effet d'altérations cytoplasmiques ou à la suite de changements dans les gènes régulateurs.

Bien qu'aucun modèle de l'évolution ne soit définitif et complet, les courants qui visent à insérer le comportement et son développement dans la théorie évolutive (voir Plotkin, 1988) ne peuvent que donner vigueur et sens à l'étude comparative de la psychologie des animaux.

Les ambitions de la psychologie comparée

L'ambition de l'éthologiste, du primatologue ou du psychologue, qu'ils s'inspirent de la psychologie expérimentale stricte ou qu'ils choisissent une approche plus cognitive, est de mettre au jour des *invariants* psychologiques (J. Médioni, 1987) communs à un maximum de groupes et d'espèces. Les grands courants qui ont traversé la psychologie animale et l'éthologie n'ont pas failli à cette ambition, même si, jusqu'à une date récente, ils proposaient différents mécanismes pour expliquer le comportement. Les éthologistes se sont longtemps référés aux concepts fondamentaux de *patterns d'action spécifiques* et de *stimuli déclencheurs hautement sélectifs* (R. A. Hinde, 1982) pour rendre compte de l'organisation du comportement. Le courant de la psychologie animale de l'apprentissage a recouru, lui aussi, dès son avènement, à des schématismes, dont le plus célèbre est sans doute le modèle stimulus-réponse. Les traditions éthologiques et psychologiques ont virtuellement fusionné au début des années soixante-dix, et l'on ne trouve pratiquement plus aujourd'hui d'éthologistes qui n'intègrent pas la dimension d'apprentissage dans leurs études et de psychologues qui ne soient pas attentifs aux contraintes biologiques sur l'apprentissage. En outre, la fin des années soixante-dix a vu la montée en force du courant cognitif, implanté, en premier lieu, en psychologie expérimentale où il avait déjà des racines solides (avec, par exemple, E. C. Tolman), et, un peu plus tard seulement, en éthologie et en écologie du comportement. Les hypothèses fortes engendrées par le courant cognitiviste ont permis de nouvelles approches du fonctionnement psychologique des animaux et ont pu éclairer de manière originale la complexité comportementale des espèces étudiées. Il serait pourtant naïf de penser qu'il y a aujourd'hui unanimité dans les communautés de chercheurs pour choisir les outils ou les modèles les plus pertinents afin d'aborder l'étude du comportement des animaux.

D'autres conceptions sur l'intelligence animale

Pour compléter la diversité des approches actuelles, je présenterai brièvement trois positions sur la question de l'intelligence animale. Il s'agit, d'une part, des idées de Euan M. MacPhail (1982, 1987) et de celles d'Anthony Dickinson (1984), et, d'autre part, de la notion d'intelligence collective.

a) La position de E. M. MacPhail

E. M. MacPhail se propose de chercher les mécanismes les plus généraux à l'origine des comportements intelligents chez tous les animaux. Il pense avoir trouvé de tels mécanismes dans la formation d'associations entre les stimuli ou événements et les réponses. Ces associations permettent la détection de contingences ou de liens de causalité entre les objets ou les événements du monde environnant. Selon cet auteur, de telles associations sont réalisées par tous les organismes, indépendamment des niches écologiques dans lesquelles ils vivent. Les mécanismes de l'apprentissage sont généraux et il n'y a aucune différence, quantitative ou qualitative, entre les groupes ou espèces de vertébrés. En un mot, E. M. MacPhail veut maintenir l'équivalence fonctionnelle entre les espèces. C'est pourquoi il avance l'hypothèse d'une absence de différence dans l'« intellect » entre les espèces. Or, méthodologiquement, il n'est pas possible de tester cette « hypothèse nulle », autrement dit, cette absence de contraste. Seules les différences peuvent être évaluées. De plus, selon E. M. MacPhail, l'intelligence humaine fonctionne également à l'aide d'associations, mais elle se distingue de l'intelligence non humaine par l'existence d'un système spécifique à l'espèce, le langage. Ce dernier obéit en effet à d'autres règles que celles qui régissent la formation d'associations.

Cette position soulève plusieurs questions, à commencer par un sérieux problème conceptuel, dans la mesure où l'hypothèse nulle est indémontrable. Il faut dès lors l'admettre par défaut, ce qui n'est intellectuellement pas satisfaisant. Par ailleurs, on peut aisément objecter à E. M. MacPhail que restreindre les comportements adaptatifs intelligents à l'apprentissage associatif conduit à évacuer le rôle des « contraintes biologiques », ainsi que l'intervention de mécanismes distincts des associations, comme l'apprentissage par essais et erreurs ou l'apprentissage par observation (B. Pallaud, 1982). La théorie de E. M. MacPhail présente une autre difficulté, liée au choix des concepts. Ainsi, les termes « intellect » et « intelligence » sont abondamment utilisés, mais à aucun moment cet auteur ne fait explicitement référence à des processus cognitifs. Le mot même de « cognition » est absent du vocabulaire employé par E. M. MacPhail. D'autre part, d'après cet auteur, le langage fait la spécificité de l'homme et paraît être conçu, du moins implicitement, comme un outil dont l'homme serait doté à la naissance et qui lui permettrait de faire face à tous les problèmes non résolus par les mécanismes d'association. Mon objection à cette position se fonde sur le fait que plusieurs caractéristiques fonctionnelles du langage s'installent progressivement au cours du développement de l'enfant. De plus, de nombreuses capacités spécifiquement humaines, comme le recours à des représentations spatiales très élaborées, ne sont ni réductibles au langage, ni explicables par celui-ci. Si les capacités démultiplicatrices de l'espèce humaine sont d'abord liées au fait que la plupart des représentations engendrées font usage du support linguistique, il faut aussi envisager, comme l'a souligné François Bresson (1976), l'existence chez l'homme de capacités de représentation non verbales. Celles-ci se manifestent par la possibilité d'utiliser des cadres de référence et s'expriment dans le domaine visuo-spatial et l'expression visuo-gestuelle (par exemple, dans les activités très spécialisées du tissage ou de la tapisserie, pour lesquelles la coordination des mouvements des mains dans l'espace fait référence à un cadre représenté qui n'est pas fourni par le matériel). Il est intéressant de noter que de telles activités se développent et s'enseignent de façon relativement indépendante du langage. Or il est à cet égard remarquable que ces activités, aux niveaux de complexité correspondant à ceux observés chez l'homme, sont absentes du répertoire des animaux. Par exemple, malgré des entraînements intensifs, on n'a pas encore réussi à apprendre à un chimpanzé à faire un nœud.

Contrairement à ce que propose E. M. MacPhail, la référence au concept de représentation aide à différencier les traitements cognitifs que des espèces différentes appliquent à la réalité physique ou sociale à laquelle elles sont confrontées ou avec laquelle elles interagissent.

b) La position de A. Dickinson

Une autre vision radicale de l'intelligence animale est avancée par A. Dickinson (1984) dans sa tentative de réinterprétation du conditionnement classique. Pour cet auteur, tous les animaux construisent des représentations. Ces représentations portent sur les régularités entre les événements du milieu possédant une signification adaptative. La découverte de ces régularités donne lieu à des représentations, et celles-ci apparaissent dès les apprentissages les plus élémentaires, comme l'habituation, aussi bien que dans les formes d'apprentissage plus complexes. A. Dickinson semble rejoindre ici E. M. MacPhail, en postulant au départ le jeu d'un mécanisme unique d'apprentissage associatif, même si ce mécanisme est d'une tout autre nature que celui postulé par E. M. MacPhail. A. Dickinson considère que ce mécanisme de base est commun à beaucoup d'espèces et qu'il est utilisé dans la reconnaissance et le stockage de l'information concernant les relations causales dans l'environnement animal. Mais cet auteur se fixe également comme objectif d'étudier la nature des représentations construites par l'animal. Il fait un recours métaphorique à des processus utilisés en psychologie cognitive humaine (par exemple les représentations procédurales ou propositionnelles) pour interpréter la forme des associations observées.

Bien que les idées de A. Dickinson soient plus en rapport avec les préoccupations du courant cognitiviste que celles de E. M. MacPhail, elles souffrent pourtant, elles aussi, d'être trop globales. Faute de s'intéresser suffisamment aux comportements réels et aux actions qui sont à l'origine des représentations, A. Dickinson est conduit à faire de la notion de représentation un concept passe-partout. Cette généralité lui enlève sa valeur heuristique et évacue toute problématique de complexification évolutive (M. Richelle, 1987).

c) Le concept d'intelligence collective

L'étude de la coopération de plusieurs agents à une tâche collective globale définit un nouveau champ d'investigation appelée *intelligence collective* ou encore *intelligence distribuée* (J. A. Meyer et S. W. Wilson, 1991). En effet, certains systèmes d'agents biologiques ou artificiels montrent des propriétés intelligentes alors qu'un agent pris séparément ne manifeste pas de comportement intelligent. Cette problématique est appliquée avec succès à certains comportements collectifs des sociétés d'insectes, comme la collecte d'aliments ou l'activité bâtisseuse (G. Théraulaz et J. Gervet, 1992). Selon cette approche, la résolution d'un problème implique à la fois une structuration du groupe d'agents (l'essaim) par l'échange de signaux de communication, et une structuration de l'environnement. Dans ce système essaim-environnement, l'environnement joue le rôle d'une « mémoire externe, spatialisée » qui conserve la trace de l'action passée de l'essaim tout en sélectionnant et en orientant son action présente.

Vers une classification des supports et des types de représentation

Si la capacité de représentation semble constituer une caractéristique commune à de nombreux groupes zoologiques, peut-on pour autant tenter une classification des représentations en termes de niveaux de complexité ? On pourrait alors s'intéresser à la distribution des niveaux de complexité en fonction d'une échelle phylogénétique. Une telle classification est toutefois rendue d'autant plus problématique que les efforts de recherche ont surtout porté sur les primates, au détriment des autres groupes zoologiques. Il n'empêche que la littérature en psychologie animale est riche de cas, récents ou anciens, qui, réinterprétés en fonction du cadre choisi ici, devraient montrer la réalité de la représentation pour une multiplicité d'organismes. Postuler l'existence d'une capacité généralisée de représentation chez l'animal revient en fin de compte à concevoir l'organisme comme actif, puisqu'il filtre, traite et transforme des informations différentes en provenance de l'environnement. Affirmer que l'animal élabore des représentations n'apporte cependant pas grand-chose de plus que prétendre que l'organisme apprend lorsqu'il s'adapte à son environnement. Si l'on admet que des processus cognitifs sont à l'œuvre dans l'adaptation comportementale des organismes à leur milieu et que ces processus sont d'ordre représentationnel, il est indispensable de se livrer à une caractérisation de la représentation, si l'on veut que ce concept ait une valeur heuristique et qu'il serve à approfondir la notion même de processus cognitif. Deux aspects au moins des représentations peuvent donner lieu à une telle tentative analytique : d'une part, leur support et, d'autre part, les types d'opérations mentales qu'elles réalisent. On peut aussi, suivant en cela certains psychologues du développement, spécifier les représentations par leurs forme (A. Vinter, 1987), en les classant comme « globales », « partielles », « totales-rigides », puis « totales-décomposables ».

Les différents types de substituts

Pour conduire cette analyse, il faut reconnaître que les objets (ou les événements, ou les situations) représentés le sont sous une forme simplifiée, partielle ou abstraite, par rapport aux objets initiaux. La notion de *substitut*, empruntée à la linguistique, permet de rendre compte du support des représentations. Les substituts les plus primitifs sont sans doute les *indices perceptifs*, dont la particularité est d'être liés sur le plan spatio-temporel à l'objet auquel ils se réfèrent. Ces indices sont en effet soit une partie de l'objet, soit un antécédent temporel, soit un résultat causal. Une petite partie visible d'un objet qui sert à identifier l'objet dans son entier constitue ainsi un indice perceptif de cet objet. Les *substituts internes* sont de véritables représentants intériorisés de l'objet. Le prototype d'un substitut interne est l'image mentale qui permet au sujet d'évoquer l'objet en son absence. Les substituts externes sont séparés en deux sous-groupes : les *substituts externes analogiques* et les *substituts externes arbitraires*. Les premiers possèdent une ressemblance physique ou géométrique avec l'objet référé (par exemple une maquette ou une carte). La similitude n'est plus conservée pour les substituts arbitraires ou conventionnels. C'est le cas pour les signes du langage et les systèmes dérivés (graphies arithmétiques par exemple). Cette classification sémiologique des substituts est de portée relativement limitée, étant donné le petit nombre de catégories qui sont retenues. Elle pourrait pourtant permettre d'esquisser une sorte de *phylogenèse des modes de symbolisation*. Une particularité du monde des primates est l'usage spontané d'objets à caractère arbitraire pour représenter d'autres objets. La littérature éthologique est riche d'exemples de rituels de parade, de cour ou d'accouplement qui incorporent des objets (généralement des aliments) dans les séquences sociales. Des usages d'objets faisant fonction d'offrande ou d'apaisement ont été observés chez des insectes (les asilidés), chez des oiseaux (l'hirondelle de mer) (description et références dans I. Eibl-Eibesfeldt, 1972), et il serait sans doute erroné de limiter l'emploi de tels substituts externes aux seuls primates. Il est en revanche très improbable qu'un oiseau parvienne au même niveau de sophistication dans l'usage de substituts externes que les primates. Dans une expérience déjà ancienne, J. B. Wolfe (1936) a appris à des chimpanzés à manipuler un outil pour se procurer de la nourriture. Lorsqu'un jeton est substitué à la nourriture (le jeton pouvant être échangé ultérieurement contre cette dernière), les chimpanzés continuent à utiliser leurs outils pour amasser des jetons. Ces jetons fonctionnent comme de véritables « outils abstraits », que certains chimpanzés thésaurisent ou volent, avant de les échanger contre de la nourriture.

Niveaux de traitement des représentations

Pour savoir comment le sujet actif construit et utilise divers supports représentationnels, il faut distinguer plusieurs *niveaux de traitement* des représentations. Les niveaux les plus simples et certainement les plus répandus se rapportent aux *couplages* temporels et spatiaux. Ceux-ci apparaissent dans les associations entre stimuli et se traduisent par le fait que deux ou plusieurs événements (ou lieux) sont dans un rapport de proximité. On peut envisager ensuite l'intervention d'activités de comparaison entre objets ou situations : ces comparaisons vont conduire à l'établissement de *rapports de similitude ou de différence*. Des exemples se rapportant à ce type d'opérations se trouvent dans les apprentissages discriminatifs et les tâches d'appariement, utilisés classiquement en psychologie expérimentale. Un autre niveau concerne la mise en œuvre de *différents types de relation*, comme les *relations d'appartenance et d'ordre* (les pigeons sont capables de catégorisation, cf. chapitre 6). En outre, de véritables opérations logiques peuvent être appliquées aussi bien à des rapports entre objets inertes qu'à des relations entre congénères. C'est le cas de l'*inférence,* qui porte sur des relations spatiales (cf. les « cartes cognitives »), des propriétés physiques (cf. la transitivité) et des relations sociales (cf. les représentations des hiérarchies).

Cette classification, un peu sommaire, est déjà suffisante pour détecter des différences selon les situations, et peut-être selon les espèces, dans la maîtrise des systèmes de traitement. Des différences dans les niveaux de représentation sont observables dans certaines situations sociales, telles que la hiérarchisation. Cette dernière offre des exemples suggérant l'intervention de modes de traitement différents dans la façon dont un individu se situe dans un groupe. Ainsi, le comportement du junco ardoisé, un oiseau, mérite d'être comparé avec celui de certains primates (singe vert et macaque). La hiérarchie sociale du junco est étudiée dans une situation de compétition alimentaire (R. H. Wiley et S. A. Hartnett, 1980). Un junco de rang intermédiaire chasse systématiquement de la mangeoire un oiseau de rang inférieur. Toutefois, ce même junco, dans une situation où deux oiseaux qu'il domine sont déjà installés sur la mangeoire, ne manifeste aucune tendance à écarter d'abord l'animal qui est le plus éloigné par rapport à lui dans l'échelle hiérarchique. En d'autres termes, si le junco réagit de façon différenciée à des congénères de rang plus élevé que le sien ou de rang inférieur au sien, il ne semble pas tenir compte de la distance sociale qui sépare les oiseaux dans la hiérarchie. Tout se passe comme si les congénères étaient reconnus par cet oiseau à partir d'une hiérarchisation en deux classes : ceux qui sont « au-dessus de moi » et ceux qui sont « au-dessous de moi ». La compréhension de la hiérarchie manifestée par le junco apparaît, dans cette expérience, plus restreinte que celle observée par D. L. Cheney et R. M. Seyfarth chez le singe vert et par V. Dasser chez le macaque (cf. chapitre 4). Les expériences sur les primates ont en effet montré non seulement qu'un individu donné a une connaissance précise de sa position dans un système hiérarchique ou affiliatif, mais encore que sa connaissance s'étend aux liens que les autres individus entretiennent entre eux.

Si les comportements observés à travers ces exemples sont correctement interprétés par les observateurs (en ce qui concerne le type d'opérations mentales réalisées par les animaux dans certaines situations de leur vie sociale), alors le chercheur a à sa disposition à la fois des outils conceptuels et des protocoles d'observation ou d'expérimentation pour aborder de façon nouvelle l'étude des comportements sociaux réputés complexes. On devrait voir se développer ces prochaines années des analyses portant sur la vie sociale d'animaux vivant dans des groupes « naturels » et, simultanément, des expériences réalisées en laboratoire. Le but idéal de ces dernières expériences devrait consister à vérifier les variables significatives détectées au cours de l'observation naturaliste, ou même, pour reprendre l'expression de N. Tinbergen, au cours des « expériences naturelles » (J. Vauclair, 1984*b*). Cette voie de recherche rejoint également le programme, esquissé en conclusion du chapitre 4, sur les rapports entre la constitution de l'objet physique et celle de l'objet social. Elle devrait par exemple permettre de comparer, pour une espèce donnée, les niveaux de représentation construits dans les échanges sociaux avec ceux qui sont élaborés à l'occasion des actions sur l'environnement physique.

Traduction des représentations en règles d'action

L'étude de la cognition chez l'animal a accumulé, au cours de sa brève histoire, les démonstrations de l'existence de représentations dans le traitement de l'information. La recherche a progressé ensuite vers l'élucidation de la nature de ces représentations, en décrivant quelques-uns des niveaux de traitement mis en œuvre.

Il est important de noter que les représentations inférées à travers les études expérimentales sont décrites en termes généraux, comme les relations d'appartenance ou les rapports de similitude entre objets ou propriétés d'objets. Ces descriptions se rapportent à des formes générales traduisant le fait qu'un sujet va structurer, avec une complexité variable, sa perception

Résumé : les représentations

TYPES DE SUPPORTS

Indices perceptifs

Substituts internes
(ex. : image mentale)

Substituts externes
1) *Analogiques*
(ex. : carte)

2) *Arbitraires*
(ex. : signe linguistique)

NIVEAUX DE TRAITEMENTS

Couplages temporels et spatiaux

Comparaisons : rapports de similitude ou de différence

Relations : appartenance, ordre

Équivalents d'opérateurs logiques : inférence, transitivité

des autres et du monde qui l'environne. L'existence de représentations ne permet cependant pas de préjuger de la façon dont celles-ci vont se réaliser dans les comportements observés. Autrement dit, ces représentations vont se refléter dans des *règles d'action,* pouvant, à leur tour, adopter des configurations variées. Cette traduction entre représentations et actions pourrait correspondre, en première approximation, au concept d'« enaction » (F.-J. Varela, 1989), établissant une dépendance entre le niveau symbolique, l'usage et le contexte, soulignant la dimension ontologique du savoir et des savoir-faire. Ces règles vont sans doute dépendre de différents facteurs et de contraintes liés à la variabilité du milieu, à l'apprentissage ou encore à diverses habitudes (alimentaires, par exemple). Je citerai quelques exemples, empruntés au domaine de la représentation spatiale, de l'usage de règles d'action différentes. Le premier concerne le comportement des rats placés dans un labyrinthe radial qui comporte huit bras rayonnant à partir d'un point commun (cf. figure 25). De la nourriture est déposée dans une cavité à l'extrémité de chaque bras. Le rat est placé au centre du dispositif et laissé libre de ses déplacements. On contrôle, bien entendu, un possible repérage olfactif de la nourriture.

David Olton et Robert J. Samuelson (1976) ont montré que les rats réalisent de très bonnes performances dans cet espace, car ils visitent en moyenne 7,9 bras au cours des 8 premiers choix. Ils utilisent une stratégie optimale, consistant à parcourir chacun des 8 bras successivement, et donc à ne pas revisiter un bras du labyrinthe déjà vidé de sa nourriture. Ces résultats démontrent que les rats ont fait leur choix en fonction de la mémoire des emplacements qu'ils ont explorés antérieurement. La règle de réponse du rat, c'est-à-dire ne pas visiter deux fois le même bras du labyrinthe, revient à faire un étiquetage temporel de chaque bras visité et à choisir *le moins récent* de ceux qui ont été parcourus. Cette règle s'apparente à la stratégie du *win/shift* (« je gagne/je change »). Le même type de règles de réponse apparaît dans le comportement spontané de certains passereaux (comme le colibri) qui se nourrissent du nectar des fleurs. Comme l'a montré A. C. Kamil (1978), ces oiseaux ont une mémoire des sites et ont intérêt, étant donné qu'il faut un certain temps pour que les fleurs reconstituent leur nectar, à ne pas se rendre immédiatement sur les sites où ils viennent juste de se nourrir.

En revanche, dans d'autres contextes et pour d'autres espèces où une mémoire spatiale est en jeu (comme chez la mésange qui cache des graines : S. J. Shettleworth, 1983 ; S. J. Shettleworth et J. R. Krebs, 1982), la règle de réponse est différente de la stratégie du *win/shift*, puisque la mésange tend à retourner d'abord sur le dernier site visité, car c'est là que l'oiseau a le plus de chances de retrouver les graines qu'il a cachées.

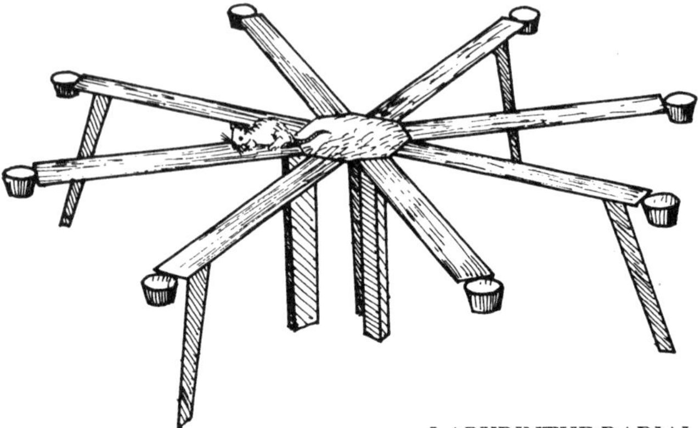

LABYRINTHE RADIAL

Figure 25. Labyrinthe radial utilisé pour l'étude de la mémoire spatiale chez le rat. Les bras du labyrinthe sont identiques et de la nourriture est déposée à l'extrémité de chaque bras (la nourriture est invisible du point de départ). Un rat est placé au centre du dispositif : il est libre de ses déplacements jusqu'à ce qu'il ait visité les huit emplacements.

L'avenir de la psychologie comparée et de l'éthologie cognitive

L'étude scientifique de l'animal et de son comportement peut procéder de plusieurs types de motivations et d'intérêts. Pour certains biologistes ou éthologistes, il s'agit de comprendre l'animal pour lui-même, son mode de vie ou son adaptation à l'environnement. Autrement dit, cette quête est guidée par un intérêt de type naturaliste pour une espèce et pour ses particularités biologiques et écologiques. On pourrait ajouter d'autres bonnes raisons pour en entreprendre l'étude, compte tenu de la place que prennent les animaux dans la vie des hommes, comme animaux domestiques ou familiers et comme source de nourriture.

Une motivation supplémentaire peut s'ajouter ou parfois se substituer aux précédentes : il s'agit d'un intérêt pour les

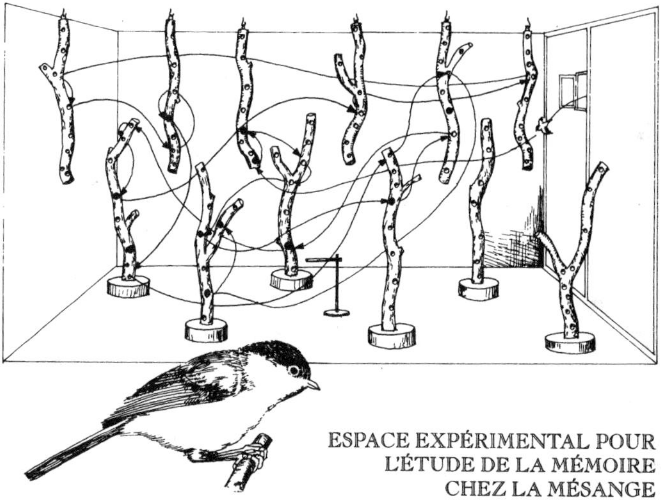

Figure 26. Les caractéristiques de la mémoire de la mésange nonnette sont étudiées en laboratoire. Des branches d'arbre percées de nombreux trous sont installées dans une grande pièce. Ces trous servent de cachettes, dans lesquelles les mésanges vont introduire ou retirer les graines. Dans cet espace expérimental, les chercheurs ont montré que les mésanges recherchent les dernières graines cachées plutôt que celles déposées en premier dans les trous.

facteurs évolutifs responsables de l'apparition de l'espèce humaine. C'était le but avoué des premiers théoriciens de l'apprentissage, selon lesquels certains animaux de petite taille et faciles à élever, comme le rat ou le pigeon, pouvaient servir de modèles pour découvrir les principes généraux de l'apprentissage, applicables ensuite à l'homme. C'est aussi l'objectif de la psychologie animale contemporaine, dont l'ambition est de cerner les contours d'une intelligence, telle qu'elle peut se manifester en dehors du langage. Cette démarche permet donc de poser ou reposer, avec un éclairage particulier, la question des rapports entre le langage et la pensée. Enfin, ce recours à l'animal comme « modèle » est également central en

La psychologie comparée fait de la résistance

En 1975, dans le premier chapitre de *Sociobiology*, E. O. Wilson se livrait à une analyse de la contribution des différentes disciplines à l'étude de la biologie du comportement. Il considérait qu'en 1950 l'éthologie et la psychologie comparée occupaient des positions d'une importance à peu près égale. Au moment d'écrire son livre (avant 1975), il jugeait que la portée relative de l'éthologie avait diminué et estimait que la psychologie comparée avait complètement disparu. Ses prévisions pour l'an 2000 annonçaient un rôle encore plus restreint pour l'éthologie, destinée, selon son mot devenu célèbre, à être « cannibalisée », d'un côté par la neurophysiologie et de l'autre par la sociobiologie et par l'écologie du comportement. On peut dire aujourd'hui que les prédictions de E. O. Wilson sont peut-être partiellement en train de se réaliser pour ce qui est de l'importance croissante de la neurophysiologie dans le cadre des neurosciences. Il semble s'être en revanche trompé sur la décadence de la psychologie comparée. Il est important de préciser que si l'étude des phénotypes comportementaux constitue une première étape nécessaire, le but ultime de la psychologie comparée, malgré le tabou imposé par quatre-vingts années de béhaviorisme, est la description, l'analyse et la mesure du comportement dans son rapport avec des facteurs extérieurs, pour mieux comprendre son organisation et les processus sous-jacents (médiation, représentation) qui le gouvernent. Autrement dit, l'objet de la psychologie comparée, comme d'ailleurs de la psychologie tout court, est l'étude de la cognition, du *mind* (D. O. Hebb, 1974 ; F. Y. Doré et G. Kirouac, 1987).

neurosciences pour l'analyse des supports nerveux des comportements.

La prise en considération de la dimension cognitive des comportements, à travers le jeu de représentations intériorisées de l'environnement par l'individu, conduit à une conception nouvelle de l'animal : celui-ci est perçu comme un résolveur de problèmes (*problem solver*) et aussi comme un décideur (*decision maker* : A. C. Kamil, 1984). L'animal résout en effet des problèmes dans presque toutes les actions de sa vie quotidienne, que ce soit dans les régulations et le contrôle de ses échanges sociaux ou dans ses actions sur l'environnement physique (cf. chapitre 3). Le caractère décisionnel des comportements des animaux apparaît également dans de nombreux contextes, abordés notamment par l'écologie du comportement. Par exemple, certains oiseaux qui se nourrissent de nectar trouvent leur nourriture dans des lieux géographiquement bien définis et limités. Les provisions, vite épuisées par les oiseaux, sont lentes à être reconstituées. Aussi l'oiseau, pour maintenir l'efficacité de sa recherche alimentaire, a intérêt à éviter les lieux qui ont été récemment visités. L'animal doit également se montrer décideur dans les situations sociales. Les conflits nécessitent d'abord l'évaluation des éléments en présence (par rapport à une hiérarchie, par exemple) et ensuite l'adoption d'une stratégie pour échapper à la confrontation ou pour prendre le dessus. Dans les situations artificielles du laboratoire, cette prise de décision se manifeste avec un relief tout particulier dans les comportements de rétention d'informations et de tromperie (cf. chapitre 6).

Le fait de considérer l'animal comme un sujet actif, manipulateur et décideur renforce l'hypothèse de la continuité des phénomènes psychologiques entre l'animal et l'homme. Si, chaque fois que cela s'est présenté, j'ai mis l'accent dans ce livre sur les ressemblances entre l'intelligence animale et l'intelligence humaine, la tâche de la psychologie comparée est aussi de rechercher les différences. A partir du constat des différences et des ressemblances, la thèse selon laquelle il y a *continuité partielle* entre l'animal et l'homme est défendable. Dès lors qu'on admet que le cerveau animal constitue un dispositif dont la fonction est de sélectionner et d'organiser l'information et que les systèmes nerveux qui réalisent les fonctions de perception et de mémoire sont susceptibles de continuité évolutive (S. Walker, 1983), la thèse de la continuité paraît convaincante. Il n'y a en effet aujourd'hui plus guère de doute sur le fait que ces grandes fonctions sont, pour la plupart, réalisées chez l'animal de la même manière qu'elles le sont chez l'homme, par le recours à des représentations de degrés de schématisation et d'abstraction divers.

Si l'hypothèse continuiste peut être soutenue avec une certaine solidité dans le domaine de la perception et de la mémoire, elle devient en revanche contestable dans d'autres domaines. C'est le cas de la maîtrise de codes de communication aussi sophistiqués que les systèmes linguistiques ou de phénomènes comme l'intentionnalité et la conscience de soi. A partir d'une approche critique des travaux sur l'apprentissage d'un langage à des pongidés (cf. chapitre 6), j'ai conclu que les productions dites « linguistiques » des primates non humains peuvent être interprétées dans le cadre de la fonction sémiotique. La conception du langage que j'ai défendue dans les chapitres 6 et 7, en lui attribuant d'autres propriétés que celles de la représentation, m'amène toutefois à refuser aux productions des grands singes un caractère proprement linguistique. Il faut pourtant rester prudent en la matière et éviter de prendre des positions extrêmes, comme l'a fait N. Chomsky (1970). Cet auteur affirme dans un ouvrage récent (N. Chomsky, 1988) que le langage est préprogrammé dans le cerveau de l'enfant, sous la forme notamment d'un noyau de base irréductible, par exemple la relation « agent de l'action ». Ces « primitives » constitueraient une « grammaire universelle ». Ainsi, les performances du chimpanzé Kanzi, décrites au chapitre 6, qui comprend et surtout produit des combinaisons de deux éléments ayant entre eux une relation sémantique comparable à celle de la syntaxe anglaise (combinaison entre action et objet : P. Greenfield et E. S. Savage-Rumbaugh, 1991), font douter du caractère spécifiquement humain de ces productions. Si la grammaire universelle postulée par N. Chomsky peut également s'appliquer à certaines productions des anthropoïdes, il devient difficile de fonder la spécificité de l'homme sur la seule présence de règles syntaxiques élémentaires. Comme je l'ai souligné à plusieurs reprises, le caractère symbolique (au sens de possession des propriétés du système linguistique) des activités humaines n'est pas exclusivement d'ordre structural (cf. la notion d'« arbitrarité radicale » du signe) ; il est surtout d'ordre fonctionnel : présence de marques d'énonciation, partage de contenus intentionnels qui sont eux-mêmes des concepts.

Quand ils se livrent à des comparaisons entre l'homme et l'animal, les éthologistes ou les psychologues les envisagent par rapport à la finalité biologique globale des grandes fonctions de communication et de représentation. Par là même, ils ont tendance à perdre de vue que *Homo sapiens* est aussi *Homo demens* qui, comme le souligne Edgar Morin (1973), « se reconnaît non seulement au cerveau et à l'outil, comme on le dit aujourd'hui, mais aussi à la magie, au mythe et au traumatisme que la mort inflige au plus intime de sa conscience ».

La démarche comparative comporte une autre limite qu'il est utile de relever. A propos de la référence aux observations sur les primates actuels, Serge Moscovici (1972) écrit « qu'elles sont le support d'un modèle possible de notre passé, et non pas un témoignage sur celui-ci » (p. 413). Gardant cette importante réserve à l'esprit, il n'en reste pas moins que, en comprenant mieux l'intelligence animale, nous devrions du même coup apprécier plus justement notre propre intelligence et son histoire évolutive.

Dans la même perspective, nous devrions enfin nous assurer de l'efficacité conceptuelle que génère l'approche scientifique de cette psychologie comparée. Celle-ci, de fait, dessine une conception de l'animal qu'il faut contraster avec celles que véhicule la psychologie ordinaire. Pour résumer les différentes attitudes qui caractérisent les sociétés occidentales dans leurs rapports à l'animal, j'emprunterai la classification qui suit à un chapitre de Stephen J. Vicchio paru en 1986 dans un ouvrage anglais traitant de l'intelligence animale.

S. J. Vicchio décrit plusieurs attitudes ayant toutes pour résultat d'anthropomorphiser les animaux, en projetant sur eux des attributs ou des qualités spécifiquement humaines. Dans ce cadre, l'évocation des comportements intelligents de l'animal peut être perçue comme le bénéfice usurpé d'une telle attribution.

La première forme d'anthropomorphisme consiste à percevoir l'animal comme un autre (*alien*) : elle se concrétise dans la célèbre formule de Ludwig Wittgenstein pour qui « si un lion pouvait parler, nous ne pourrions pas le comprendre ». Ce sentiment d'étrangeté (pensons à la fixité du regard d'un chat) proviendrait d'une fascination pour la dissemblance entre l'animal et l'homme, et simultanément d'une projection de nos craintes et nos suspicions.

Une seconde vision de l'animal consiste à le percevoir comme un être dépendant, sans défense, en un mot, à le considérer comme un enfant. Cette attitude est renforcée par la docilité, la propension au jeu que nous devinons chez l'animal. Les créations animales de certains dessinateurs (le chien Snoopy et les héros de Walt Disney, tel Mickey Mouse) en sont l'illustration parfaite. Ces « personnages » sont d'ailleurs dotés de caractéristiques néoténiques, c'est-à-dire qu'ils font intervenir des traits morphologiques et comportementaux immatures : tête disproportionnée, apparence et voix juvéniles par exemple.

Une autre conception envisage les animaux comme détenteurs de facultés psychiques. Certains sont des modèles de perfection morale. Les exemples sont nombreux, depuis les temps bibliques (Psaumes sur David) jusqu'aux animaux des films à succès, comme les chiens Rintintin ou Lassie, Flipper le dauphin, etc. Dans la même veine, les animaux sont parfois affublés de pouvoirs divinatoires, d'intuitions (tel ce chien qui a refusé de monter à bord d'un bateau qui s'est abîmé en mer peu après). A l'opposé, certains animaux (scorpions, serpents, rats, aigles ou requins) sont perçus comme des prédateurs vicieux et des incarnations du démon. On trouve des illustrations de ces représentations dans la mythologie grecque avec, par exemple, le cerbère à têtes multiples gardant l'entrée du monde souterrain. Les croyances populaires, toujours actuelles, attribuent également des pouvoirs maléfiques à certains animaux : la rencontre avec un chat noir annonce le malheur.

La vision d'un animal-machine enfin est particulièrement imposée par la société industrielle. Les nécessités d'une consommation à grande échelle conduisent à traiter les animaux sous l'aspect exclusif de la productivité. A titre d'exemples classiques, pensons aux élevages de poulets en batterie ou aux conditions dans lesquelles on fait se reproduire les rats dans certains laboratoires.

Certes, ces différentes visions anthropocentriques ne sont pas partagées par toutes les sociétés. M. Blanc (1991) rapporte des propos de Marguerite Yourcenar sur la conception de l'animal dans les sociétés primitives. Dans ces sociétés, « … plutôt qu'anthropomorphiser l'animal, l'homme a choisi le plus souvent de se sacraliser en s'animalisant. Le primitif n'élève pas la panthère au rang d'homme ; il se fait panthère. L'enfant qui joue au chien s'imagine chien » (p. 97).

Le réductionnisme anthropomorphique qui caractérise l'histoire des attitudes occidentales concernant l'animal et la vision fusionnelle suggérée par Marguerite Yourcenar traduisent diversement le mystère de la nature animale et surtout notre manque évident de connaissance à son sujet. Je propose quant à moi de *considérer l'animal comme animal*. Toutefois, chercher à connaître sa nature spécifique ne nous fait pas oublier les obstacles épistémologiques et pratiques à sa connaissance. Pour éviter de propager les stéréotypes qui séparent les animaux « intelligents » de ceux qui le seraient moins, on ne peut que recommander leur étude systématique, sur le terrain et même en captivité, sans se limiter *a priori* à étudier les « bonnes » espèces, celles qui sont apparemment les plus proches de l'homme. C'est à cet objectif que travaille aussi la psychologie animale afin de cesser un jour, comme l'écrit S. J. Vicchio à propos de la psychologie ordinaire, d'utiliser les animaux comme des miroirs embués à travers lesquels nous tenterions inconsciemment de nous retrouver.

9. Postface. Pour visiter des problématiques et résultats supplémentaires

La psychologie comparée a connu, ce dernier quart de siècle, un développement remarquable, allant de pair avec l'essor considérable des sciences de la cognition et des neurosciences. Aussi, il est utile de compléter certains des chapitres qui composent cet ouvrage par cette postface dans laquelle je me suis efforcé de relever les éléments nouveaux, tant sur le plan des progrès théoriques que sur celui des données empiriques. Ils indiquent que la psychologie comparée est un domaine de choix pour la compréhension non seulement de l'animal, mais également de l'homme et de sa place dans l'évolution. Le succès de cette psychologie s'est notamment traduit par l'émergence de nouvelles revues scientifiques (par exemple *Animal Cognition* ou *PLOS ONE Animal Cognition*) dont le contenu est exclusivement consacré à l'étude des processus cognitifs des animaux. Dans cette postface, les principaux changements survenus dans l'étude de l'intelligence de l'animal au cours des vingt-cinq dernières années seront présentés en indiquant, au sein des chapitres concernés, les informations qu'ils développent afin que le lecteur puisse ainsi les contextualiser.

L'intelligence de l'animal : le champ évolue

Le chapitre 1 fait état des tensions et oppositions entre l'approche éthologique, celle du béhaviorisme et l'approche cognitive qui ont caractérisé les débuts de la psychologie comparée. Depuis, le champ d'études a considérablement évolué. Les tendances actuelles visent à l'intégration de différentes approches dans l'étude de la cognition animale, étude à laquelle sont consacrés aujourd'hui deux programmes majeurs. Le premier, s'inspirant des concepts de la psychologie humaine, est appelé *programme généraliste*. Le second, sous l'influence des éthologistes, est désigné comme *programme écologique* et concerne principalement l'écologie du comportement. Ce second programme traite de l'adaptation des animaux, ainsi que de leurs capacités à résoudre des problèmes dans leur milieu naturel. Son champ d'études privilégie l'examen des comportements spontanés et, en particulier, ceux qui ont une validité écologique pour les espèces concernées. Les principaux comportements ainsi étudiés concernent les capacités d'orientation, la reconnaissance individuelle, la communication au sein du groupe ou de l'espèce. La première approche est, quant à elle, généraliste, dans la mesure où les comparaisons réalisées entre espèces animales ont pour objet de découvrir si ces espèces, souvent éloignées sur le plan phylogénétique, structurent de façon comparable l'information puisée dans l'environnement. De ce fait, les comparaisons opérées servent à établir l'identité de traits cognitifs interspécifiques.

Ces deux programmes d'étude de la cognition animale posent des questions qui, bien que différentes, s'avèrent complémentaires. En fait, les chercheurs appartenant à ces deux approches ont bien compris qu'ils ont intérêt à collaborer. D'ailleurs, les étho-écologistes ont déjà largement, sinon totalement, emprunté les concepts des sciences cognitives, et de la psychologie cognitive en particulier, pour les appliquer à leur discipline, l'écologie du comportement. Ces collaborations ont permis à la psychologie comparée de retrouver ses liens avec la théorie évolutive. Parallèlement, l'écologie du comportement s'intéresse davantage à la question de l'ontogenèse et à celle des processus cognitifs responsables des comportements complexes (pour une synthèse, voir J. Vauclair, 1996, 1998). Dans ce domaine, les recherches inspirées par la théorie de J. Piaget, concernant le développement de l'intelligence chez l'enfant (cf. chapitre 5), ont offert une approche pour théoriser les compétences cognitives des animaux. Quelle est aujourd'hui la place faite à la pensée de ce psychologue biologiste et épistémologue ? Le constat est clair : il n'y a quasiment plus de référence aux conceptions piagétiennes dans la psychologie comparée. Ainsi, l'imposant manuel de psychologie comparée de M. R. Papini (2008) ne fait aucune mention à Piaget. Dans un autre manuel très complet consacré à l'intelligence animale,

Z. Rezníková (2007) consacre seulement sept pages (sur plus de cinq cents) à l'approche de Piaget, en se limitant à la question de la permanence de l'objet chez les animaux. Il en est de même pour l'ouvrage *Comparative Cognition* de M. C. Olmstead et V. A. Kuhlmeier (2015), qui mentionne seulement l'étude d'inspiration piagétienne de I. M. Pepperberg et de ses collaborateurs (1997). Ces derniers auteurs ont notamment montré qu'un jeune perroquet nommé Griffin passait, de l'âge de huit et de vingt-deux semaines, par tous les stades de la permanence de l'objet. Encore plus frappant, dans un article visant à décrire « une approche générale pour l'étude des capacités cognitives qui peut être utilisée avec toutes les espèces » (p. 157), R. K. Thomas (1996) n'évoque pas Piaget, que ce soit de façon directe ou indirecte. Comment expliquer ce quasi-renoncement à une théorie dont la portée générale avait suscité un engouement certain vingt ans plus tôt ? Cette désaffection pour la théorie de Piaget a débuté par une remise en cause de ses conceptions dans le domaine de la psychologie du développement humain. Il lui a été notamment reproché d'avoir sous-estimé les compétences cognitives des très jeunes enfants et d'utiliser une méthodologie insuffisamment contrôlée (voir O. Lourenço et A. Machado, 1996). De plus, deux arguments principaux ont été avancés pour mettre en doute l'application de l'approche piagétienne à l'étude de la cognition animale. Le premier concerne l'usage implicite de la théorie de la récapitulation selon laquelle « l'ontogenèse récapitule la phylogenèse », à savoir que le développement d'un organisme passerait par des stades représentant les espèces ancestrales de celui-ci. Le second argument, qui guette toute approche comparative, est celui de l'anthropomorphisme, autrement dit l'attribution de traits humains aux animaux, ainsi que l'évaluation des compétences d'un animal au regard exclusif des performances humaines (voir J. Vauclair, 2012, pour une discussion à ce sujet). Dans une certaine mesure, la réconciliation entre approches généraliste et écologique permet aujourd'hui de dépasser ces arguments. En effet, le cadre conceptuel de la théorie piagétienne propose des lignes directrices pertinentes pour l'examen des stratégies et des mécanismes utilisés par différentes espèces pour résoudre des problèmes cognitifs de base, rencontrés dans leur monde physique (I. Pepperberg, 2002). Ainsi, dans plusieurs espèces, notamment chez les primates, ce cadre piagétien a permis de montrer des développements comparables dans la perception et dans l'organisation des objets. Ce cadre a également fourni des informations cruciales liées à l'organisation comportementale, à la neurobiologie et à l'évolution du fonctionnement cognitif (J. Vauclair, 2012). Finalement, la psychologie comparée recherche encore une théorie unifiée, une métathéorie, afin de progresser.

Des habiletés mieux identifiées

L'étude de l'intelligence de l'animal impose de spécifier les habiletés qui participent à son fonctionnement. Il en va ainsi de la gestion de l'espace et de l'usage d'outils. De nouvelles données, succinctement présentées ci-après, sont disponibles.

Une capacité fonctionnelle cruciale pour la compréhension de l'organisation de l'espace et de sa nature concerne la possibilité d'identifier des caractéristiques de l'environnement qui serviront d'éléments constitutifs des représentations spatiales. À la suite des travaux de K. Cheng avec des rats et de ceux de G. Vallortigara avec des poussins (cf. chapitre 1, encadré p. 24-25), la question du traitement de la géométrie des surfaces a fait l'objet d'une série d'études portant sur plusieurs espèces animales. La recherche sur le poisson rouge de J.-P. Vargas et de ses collègues (2004) a montré que le poisson est capable d'utiliser les deux types d'indices géométriques et locaux. Cette exploitation d'indices géométriques et non géométriques a aussi été étudiée chez des espèces phylogénétiquement plus évoluées, comme les primates, humains et non humains.

La procédure de K. Cheng a été adaptée pour l'enfant et l'adulte humains. Ainsi, L. Hermer et E. Spelke (1996) ont testé des enfants âgés de dix-huit à vingt-quatre mois et des adultes dans une pièce rectangulaire de 2,1 m × 1,3 m. Deux conditions sont établies : dans la condition dite sans indice, les parois de la pièce rectangulaire sont homogènes, peintes en blanc. Dans cette condition, la seule information spatiale disponible est la géométrie de la pièce expérimentale (la longueur et la largeur). Dans l'autre condition, une des parois est recouverte d'un tissu de couleur bleue, alors que les trois autres sont blanches. Pour le test des adultes, l'expérimentateur cache, en présence du participant, un objet dans un des coins de la pièce. Ensuite, il fait tourner lentement l'individu testé sur lui-même une dizaine de fois dans l'obscurité afin de le désorienter. Puis, il lui demande de retrouver l'objet en effectuant un minimum de recherches. Les jeunes enfants sont testés avec une procédure similaire. L'expérimentateur cache un jouet dans un des coins en présence de l'enfant. Ensuite, il indique à l'enfant qu'il devra localiser la position du jouet après avoir fait une dizaine de tours sur lui-même, un bandeau recouvrant ses yeux. Les résultats montrent que, dans la première condition, les adultes cherchent dans les mêmes proportions entre les coins opposés, ce qui prouve que la désorientation fonctionne, et que leur représentation est géométrique. En revanche, quand une des parois est bleue, ils ne font quasiment plus d'erreurs. Quant aux jeunes enfants âgés de dix-huit à vingt-quatre mois, ils utilisent aussi les indices géométriques (forme rectangulaire de la pièce) pour se réorienter en cherchant soit dans le bon coin, soit dans le coin opposé. En revanche, comme cela a été observé chez les rats, ils ne sont pas capables d'utiliser les indices non géométriques (couleur de la paroi) pour se réorienter.

La même expérience réalisée avec des enfants plus âgés (trois-six ans) a montré que ces derniers parviennent à retrouver le jouet placé dans un angle. Ils parviennent donc à recourir à l'indice spatial pour désambiguïser le codage purement géométrique (L. Hermer et E. Spelke, 1996). À six ans, les enfants réussissent le test. Cet âge correspond au moment où ils commencent à produire des phrases qui spécifient la localisation et l'orientation des objets, en utilisant par exemple les mots « à gauche » ou « à droite ». Pour ces auteurs, ces performances seraient liées aux changements cognitifs issus du développement du langage, incluant la capacité à exprimer les relations spatiales qui permettra l'échange entre les deux types d'informations spatiales. Le rôle du langage dans les codages spatiaux a été démontré dans une étude avec des adultes (L. Hermer-Vasquez, E. Spelke et A. Katsnelson, 1999). Quand ces adultes doivent se réorienter dans une pièce et qu'ils sont simultanément confrontés à une tâche concurrente verbale qui mobilise leur système linguistique (répéter des phrases courtes émises par un haut-parleur), ils se comportent comme les jeunes enfants et les rats, c'est-à-dire qu'ils n'utilisent pas la paroi colorée comme un indice pour la réorientation. Pour les auteurs, ces résultats suggèrent que le codage géométrique initial de la représentation spatiale persiste chez l'adulte humain et que le recours au langage est nécessaire pour connecter ce codage géométrique au codage non géométrique que constitue l'usage d'un repère local comme la couleur.

Avec, à la fois, le souci de vérifier si des primates non humains – primates ne pouvant recourir au langage – sont capables d'utiliser la géométrie de l'environnement et de tester leurs capacités dans une tâche de combinaison d'indices géométriques et non géométriques, S. Gouteux, C. Thinus-Blanc et J. Vauclair (2001) ont adapté la procédure de K. Cheng pour étudier de jeunes macaques. Comme dans les études précédentes, deux conditions expérimentales ont été proposées aux singes. Pour la première condition (espace homogène, absence de repère local), le macaque a exploité, comme les autres espèces testées, l'information géométrique pour se réorienter. Dans la seconde condition (paroi bleue), le singe est parvenu à coupler informations géométriques et non géométriques. Le scénario de L. Hermer et E. Spelke concernant le rôle du langage pour résoudre la tâche est plausible pour ce qui est de l'homme. En revanche, cette explication est de peu d'utilité pour rendre compte des compétences d'animaux comme les macaques, qui, dépourvus de langage, parviennent néanmoins à résoudre les situations de réorientation impliquant un double codage, celui de la géométrie et celui résultant de l'usage d'un repère local.

Face à ces différentes performances, il est nécessaire d'envisager l'existence de plusieurs types de traitements spatiaux qui ont émergé et ont acquis une certaine flexibilité au cours de l'évolution. Cette flexibilité serait apparue indépendamment d'habiletés cognitives proprement humaines comme la représentation symbolique, le raisonnement formel et bien entendu le langage articulé. Les facteurs susceptibles d'avoir favorisé une telle flexibilité dans le domaine spatial chez les primates sont à rechercher dans les stratégies complexes de recherche de nourriture (*foraging*). La plupart des primates sont en effet dépendants pour leur survie des nourritures saisonnières comme les baies ou les fruits. Ces nécessités vitales ont sans doute exercé de fortes pressions sélectives pour que les primates développent des systèmes de traitement et de représentation de l'espace leur permettant d'utiliser simultanément différentes sources d'information. S'il est concevable que l'orientation pour un rongeur puisse s'effectuer de façon très fiable en référence à la forme macroscopique de l'espace, il est en revanche plus difficile de concevoir qu'un primate procède efficacement en exploitant de telles propriétés. De ce point de vue, les repères généraux de l'espace (montagnes, vallées, etc.) ne sont pas d'une grande utilité pour vérifier si un arbre porte des fruits matures.

Compte tenu de la puissance des humains à inventer des artefacts afin d'exploiter au mieux les ressources de leur environnement, l'identification chez l'animal d'un usage d'outils constitue un marqueur fort de l'intelligence. De nombreuses espèces animales, des insectes aux primates, manipulent des objets pour atteindre des buts, voire les façonnent et les transforment pour en faire des outils autonomes. Les comportements les plus sophistiqués dans ce domaine ont été décrits par G. R. Hunt (1996) chez les corbeaux de Nouvelle-Calédonie. Ces oiseaux fabriquent des outils et s'en servent pour capturer des proies (vers, chenilles) enfouies sous l'écorce des branches ou dans le sol. Ces outils fabriqués à l'aide du bec ont le plus souvent la forme de petits crochets taillés soit dans des branches, soit dans des feuilles rigides de pandanus dont l'extrémité est façonnée en pointe. Il a été noté que de jeunes corbeaux fabriquent et utilisent ce type d'outils alors qu'ils n'ont été exposés ni à leurs congénères ni à des humains démonstrateurs (B. Kenward et coll., 2005). Ainsi, bien que ce comportement se perfectionne avec l'âge des oiseaux, cette observation permet d'inférer qu'il a une forte composante héréditaire. L'usage de ce type d'outil montre, enfin, une intéressante capacité de généralisation puisque ces oiseaux utilisent une branchette comme intermédiaire pour explorer un objet nouveau et donc potentiellement dangereux (J. H. Wimpenny et coll., 2010). De ce point de vue, l'habileté manifestée par les corbeaux de Nouvelle-Calédonie pourrait rejoindre celle des primates, comme le chimpanzé (cf. chapitre 3). Toutefois, selon certains auteurs comme W. C. McGrew (2013), le chimpanzé serait un bien meilleur « technologue généraliste » que le corbeau.

Les techniques complexes de « pêche » aux termites des chimpanzés des forêts du Triangle de Goualougo en République du Congo ont été suivies à l'aide de caméras camouflées dans la végétation par C. Sanz et ses collaborateurs (2004). Ces chercheurs ont tout d'abord constaté que les outils sont distincts selon que les termitières sont souterraines ou au-dessus de la surface de la terre. De plus, certains outils sont de simples tiges (sorte de sondes) servant à récupérer les termites qui s'y attachent, alors que d'autres outils, plus durs, sont destinés à perforer des ouvertures dans les nids. Ces deux catégories d'outils peuvent aussi être utilisées de manière séquentielle, l'un pour perforer le nid et l'autre ensuite pour attraper les termites. Enfin, les chimpanzés pratiquent une sorte de recyclage de leurs outils dans la mesure où certains chimpanzés réutilisent des outils qui ont été mis au rebut par d'autres lors de précédentes visites des termitières. L'utilisation de plusieurs sortes d'outils par ces populations de chimpanzés, associée à une organisation hiérarchique des outils en fonction des buts à atteindre, est sans conteste un des cas les plus complexes d'usage d'objets fonctionnels dans les espèces animales (C. Sanz et D. Morgan, 2007).

Dans la section intitulée « D'autres conceptions sur l'intelligence animale » (chapitre 8, p. 173), il est question des capacités humaines de représentation non verbales, impliquant des coordinations visuo-gestuelles complexes, telle la fabrication des nœuds pour laquelle les primates étaient considérés comme incompétents. Quelques observations ont bouleversé cette idée. Les primates non humains sont très habiles à défaire des nœuds, mais savent-ils réaliser un vrai nœud bloquant ? Cette opération est loin d'être facile pour les enfants humains qui commencent à savoir l'effectuer seulement vers l'âge de cinq-six ans. Des études rapportent que bonobos, chimpanzés et orangs-outangs, vivant dans des zoos et élevés par des humains, sont capables avec plus ou moins de succès de réaliser un nœud. C. Herzfeld et D. Lestel (2005) ont décrit et filmé (https://tinyurl.com/jmk8qz4) le cas le plus convaincant à ce jour d'activités de nouage effectuées par Wattana, un orang-outang âgé d'une dizaine d'années de la ménagerie du jardin des Plantes de Paris. Wattana est capable de faire de vrais nœuds en utilisant ses mains, ses pieds et sa bouche. À ce jour, on peut considérer que Wattana est l'exception qui confirme la règle de la rareté de cette habileté de manipulation visuo-gestuelle chez le singe.

Relations à soi et aux autres

Dans le cadre des études de la relation de soi à soi, le test de la tache de Gallup (cf. chapitre 7, p. 138-146) s'est imposé comme un outil efficace pour évaluer les capacités de reconnaissance d'un individu de son image spéculaire. En plus des pongidés qui réussissent le test de Gallup, s'y ajoute une courte liste d'espèces comme le dauphin (deux sujets testés par D. Reiss et L. Marino, 2001), un éléphant d'Asie testé par J. M. Plotnik et collaborateurs (2006) et les pies. Pour cette dernière espèce, H. Prior et ses collègues (2008) ont placé un autocollant de couleur jaune ou rouge sous leur bec, autocollant qu'elles ne pouvaient voir sans l'aide d'un miroir. Placées devant un miroir, trois pies sur les cinq semblent remarquer l'autocollant et effectuent divers mouvements pour s'en débarrasser, en se frottant contre le sol ou en se grattant avec une patte. Des expériences de contrôle (placement d'un autocollant que la pie ne peut pas voir) ont été réalisées afin de vérifier que c'est bien au changement d'apparence que répond l'oiseau. Ainsi, si l'autocollant est placé sur le dos de l'animal, aucune réaction n'est observée, et il en est de même si un autocollant noir est fixé sous le bec de la pie. Ces résultats indiquent que les pies réagissent à un certain type de changement dans leur apparence. Cette compétence s'ajoute à celles déjà décrites dans la famille des corvidés à laquelle appartient la pie, avec le geai et le corbeau, comme l'usage d'outils, la mémoire spatiale ou les capacités numériques (voir chapitre 5, p. 96).

Prenant en considération le constat que les singes non anthropoïdes ont échoué au test de la tache, L. Chang et ses collègues (2015) ont choisi d'effectuer un entraînement préalable de macaques avant de leur proposer le test décisif. Pour ce faire, ils ont exposé sept macaques, placés devant un miroir pendant 12 à 38 jours, à un rayon laser de faible puissance. Le laser est suffisamment irritant pour que les singes touchent leur face. Dès qu'ils touchent cette source d'irritation, ils reçoivent une récompense alimentaire. À la fin de l'entraînement, les singes sont soumis au test normal de la tache de Gallup. Cinq des sept singes testés ont réussi le test. Plus tard, certains de ces singes ont utilisé le miroir dans leur cage pour explorer des parties de leur corps qu'ils ne pouvaient pas voir autrement. Cette découverte est indicative d'une certaine réactivité des singes à des changements de leur apparence. La communauté scientifique est sceptique quant à l'interprétation forte suggérée par les auteurs. Par exemple, les singes ne font-ils que reproduire les comportements qu'ils ont été contraints de réaliser à la suite de milliers d'essais ? Il faut, en effet, aussi prendre en compte la performance de réaction au miroir qui résulte de l'usage spontané de celui-ci, comme c'est le cas pour le chimpanzé, par rapport à celle qui est produite par un entraînement intensif dans l'expérience précédente. Quoi qu'il en soit, L. Chang et ses collègues (2015) soutiennent que les macaques possèdent une machinerie nerveuse adaptée à une reconnaissance de soi, même s'ils ont besoin d'un apprentissage approprié pour acquérir le « logiciel » nécessaire à sa réalisation.

En ce qui concerne la relation de soi aux autres, il faut noter que la psychologie comparée de la cognition sociale a connu un essor considérable au cours des vingt dernières années. Les recherches ont porté majoritairement sur les primates. Toutefois, le champ s'est considérablement élargi en incluant les oiseaux (les corvidés essentiellement ; voir T. Bugnyar, 2013) et les mammifères, dont le chien qui avait été fortement négligé jusque-là. Cet engouement pour l'animal domestique favori des humains a d'ailleurs conduit au développement d'un domaine nouveau d'étude de sa cognition, désignée de « dognition ».

Le fait que le chien domestique vive dans des environnements humains depuis le début de la période néolithique, ou peut-être même avant, soit au moins depuis 12 000 ans, fait de cet animal un modèle intéressant pour étudier l'évolution de ses capacités cognitives. Cette proximité a pu provoquer la sélection de capacités du chien par les humains et même une co-évolution des capacités cognitives des chiens et des humains. Les « amis » des chiens savent que ceux-ci sont sensibles aux états attentionnels de l'homme et qu'ils semblent comprendre les signaux de la communication humaine. Les recherches ont globalement confirmé ces intuitions. Ainsi, concernant la communication homme-chien, les chercheurs ont examiné le degré de flexibilité de la compréhension par le chien d'indications comme le pointage avec le doigt vers une cible. Par exemple, en l'absence du chien, de la nourriture est cachée dans un récipient parmi plusieurs récipients identiques. Le fait que l'expérimentateur pointe avec son doigt le récipient appâté est suffisant pour que le chien se dirige dans la bonne direction et trouve la nourriture. On notera à cet égard que la compréhension du geste déictique humain par le chien est meilleure que celle manifestée par le loup et même par les grands singes (J. Kaminski et M. Nitzschner, 2013). Plusieurs compétences sociales ont aussi été mises en évidence chez les canidés. Ainsi, le chien tire parti de ce que les autres peuvent voir ou non. Dans un des tests, le chien voit un objet convoité que l'expérimentateur, présent, ne peut pas voir, car cet objet est caché pour lui par une barrière. Le chien sait utiliser cette information. Cet avantage se traduira, par exemple, par le fait que les chiens mangent de la nourriture interdite (parce qu'elle est sur le sol et pas dans une écuelle autorisée) plus fréquemment lorsque l'être humain ne peut pas les voir (cf. J. Kaminski, et S. Marshall-Pescini, 2014, pour d'autres exemples de compétences sociales et métacognitives chez le chien).

Les relations entre le maître et son chien reposent sur une perception réciproque de leurs émotions. Cette perception sert à évaluer les motivations et les intentions sociales réciproques. Plus précisément, les interactions sociales sont médiatisées par plusieurs canaux sensoriels. Un état émotionnel peut se manifester par des expressions faciales ou des vocalisations. L'efficacité, la rapidité et la précision de la perception d'un état émotionnel sont, de plus, renforcées par l'intégration intermodale des deux canaux (voir chapitre 4, l'encadré p. 59 concernant la perception intermodale). Cette capacité de traitement a déjà été décrite chez le singe pour apparier une expression faciale spécifique de son répertoire émotionnel avec un cri correspondant (A. A. Ghazanfar et N. K. Logothetis, 2013). N. Alburquerque et ses collègues (2016) ont recherché si les chiens peuvent combiner des informations de nature émotionnelle sous forme d'intégration intermodale, à la fois dans le contexte d'échanges intraspécifiques (entre chiens), ainsi que dans des interactions hétérospécifiques (entre le chien et l'homme). Ces auteurs ont recouru au protocole *cross-modal preferential looking time*. Celui-ci consiste à montrer des paires d'images tout en diffusant des vocalisations d'expressions émotionnelles positives (joie ou invitation à jouer) et négatives (colère ou agression), ces expressions appartenant à des chiens et à des humains. Les images (visages d'humains et têtes de chiens) et les sons correspondants (aboiements pour le chien, voix pour l'homme) étaient des stimuli inconnus pour les dix-sept chiens testés. L'hypothèse est que si les chiens sont capables d'intégration intermodale des émotions, ils devraient regarder plus longtemps les expressions faciales qui sont apparentées aux sons de même valence (soit positive, soit négative). Les résultats concernant les stimuli canins et les stimuli humains confirment l'hypothèse des auteurs. La capacité des chiens à combiner les signaux émotionnels est particulièrement avantageuse pour cette espèce hautement sociale. Par ailleurs, cette habileté a dû être favorable sur le plan évolutif. Autrement dit, la capacité de détection par le chien des émotions humaines a peut-être même été identifiée et fortement sélectionnée par l'homme au cours des périodes de domestication du chien.

« Le chat [...] s'en va tout seul. » R. Kipling avait raison. Si la recherche à propos de l'intelligence du chien connaît un véritable âge d'or, rien de tel n'a été fait pour le chat, l'autre animal domestique préféré de l'homme. Dans une revue de question récente, K. R. Vitale Shreve et M. A. R. Udell (2015) expliquent que malgré la longue proximité d'environ 8 000 ans entre l'homme et le chat, faite d'intérêts réciproques, les études du chat sont peu nombreuses en comparaison de celles entreprises au sujet du chien. Certes, les chats sont excellents dans la recherche d'objets cachés (cf. le chapitre 5, p. 83-86), dans différents tests (mémoire, causalité physique et d'évaluation de quantités), mais, par manque de coopération, ils sont peu enclins à effectuer des tests de cognition sociale. Un exemple illustre bien les différences de stratégies entre le chien et le chat. Ainsi, dans une étude d'A. Miklosi et collaborateurs (2005), chiens et chats sont capables d'utiliser le pointage de l'expérimentateur vers une cible alimentaire cachée. Dans une autre condition, ce pointage est rendu impossible quand le récipient contenant la nourriture est placé dans un endroit inaccessible pour l'animal. Alors que le chien tourne son regard vers l'expérimentateur pour demander de l'assistance, le chat persiste et tente, en vain, d'obtenir la récompense. Les chats ont rarement regardé en direction de l'expérimentateur humain. C'est, pour les auteurs, le signe qu'ils n'utilisent pas l'échange des regards comme un comportement permettant d'attirer l'attention de l'autre pour résoudre la tâche. I. Merola et ses collègues (2015) pensent que, dans de telles conditions expérimentales, le chat résiste peut-être moins bien à la frustration alimentaire que le chien. Aussi, ces chercheurs ont conduit une étude supplémentaire afin d'évaluer si une information de nature émotionnelle positive (encourager le chat à s'approcher de l'objet) ou une information négative (invitation par le regard et la voix de ne pas s'approcher de l'objet) donnée par le maître du chat était susceptible de guider l'animal vers un objet non familier et donc potentiellement dangereux, comme un petit ventilateur électrique. Les résultats sont encourageants puisque huit chats sur dix ont produit des « regards référentiels » entre leur maître et le nouvel objet quand l'information était de nature positive.

Qu'en est-il du cheval ? Une étude de A. V. Smith et collaborateurs (2016) démontre que les chevaux discriminent spontanément des expressions faciales humaines positives (photos d'une personne exprimant la joie) par rapport à des expressions négatives (colère). Cette capacité est mise en évidence à la fois sur le plan de la réponse comportementale et sur le plan physiologique (mesure des modifications des battements cardiaques). Les recherches comparatives sur le cheval connaissent, comme pour les autres animaux domestiques, un regain d'intérêt. Plusieurs groupes de chercheurs s'intéressent à la cognition du cheval et à ses relations à l'homme (voir M.-A. Leblanc, 2015, pour une synthèse). On notera enfin que l'éléphant d'Afrique, bien qu'il n'ait pas été domestiqué par l'homme, entretient néanmoins des liens anciens avec celui-ci. Comme l'ont montré A. F. Smet & Byrne (2013), des éléphants exploitent efficacement un pointage produit par l'homme pour localiser de la nourriture.

Communication gestuelle, communication vocale et évolution du langage

Ce vaste champ d'étude de l'intelligence de l'animal est depuis de nombreuses décennies un des domaines qui fascine le plus. Intuitivement, il semble permettre de marquer une frontière entre l'homme et l'animal. Au gré des recherches, cette frontière se révèle plus ou moins poreuse.

Les échanges communicatifs prélinguistiques entre l'enfant humain et l'entourage (cf. chapitre 6, p. 119-125) sont notamment caractérisés par le recours à un ensemble de gestes dont le plus significatif est le geste de pointage. Ce geste consiste, dans une situation d'attention conjointe, à tendre l'index ou la main entière vers un objet pour signaler à autrui son intérêt. Via ce geste, le jeune enfant est capable de transmettre un souhait ou une intention à un partenaire (c.-à-d., propriété intentionnelle du geste). Il peut également grâce à ce geste orienter l'attention du partenaire vers un objet extérieur (c.-à-d., propriété référentielle du geste). De plus, l'usage de gestes communicatifs par le jeune enfant contribue de manière significative au développement de ses capacités cognitives qui sont elles-mêmes associées au développement du langage. Il a été démontré, par exemple, qu'au cours du développement du jeune enfant, l'âge d'apparition des premiers gestes communicatifs ainsi que leur fréquence d'utilisation influençaient le développement ultérieur de ses capacités langagières, par exemple la taille du vocabulaire mesuré à l'âge de quatre ans (M. Rowe et S. Goldin-Meadow, 2009).

Selon E. Bates (cf. chapitre 7, p. 148-149), deux fonctions principales caractérisent les gestes de pointage. Ainsi, un premier type de pointage, appelé impératif, exprime une demande auprès d'une autre personne, aux fins, par exemple, d'obtenir un objet désiré. Autrui est ainsi envisagé comme un moyen pour atteindre un objectif. L'autre type de pointage est désigné comme déclaratif, car sa fonction est de partager l'attention et l'intérêt de l'émetteur avec autrui à propos d'un objet ou d'un événement. Les études développementales ont mis en évidence une relation étroite entre communication gestuelle et communication verbale, dès la première année du développement de l'enfant (voir la synthèse dans J. Vauclair et H. Cochet, 2013). Une relation intéressante entre la forme des gestes de pointage et leur fonction a été observée. Aussi, les extensions de l'index sont plus souvent produites pour les gestes à valeur déclarative, tandis que les gestes de pointage avec la main entière sont davantage utilisés dans un contexte impératif. Par ailleurs, les gestes de pointages impératifs et déclaratifs se distinguent par la présence de vocalisations. Celles-ci accompagnent plus fréquemment les gestes déclaratifs que les gestes impératifs. Enfin, les résultats obtenus avec de jeunes enfants étudiés en crèche ont montré qu'une très grande majorité de pointages étaient produits avec la main droite et que ces derniers étaient accompagnés de vocalisations. Cette préférence manuelle est très marquée. Par exemple, J. Vauclair et J. Imbault (2009) ont évalué la préférence manuelle pour le pointage et pour la manipulation d'objets chez des enfants âgés de dix à quarante mois. Ces auteurs ont observé plus de participants droitiers pour le geste de pointage que pour la manipulation d'objets. De plus, une grande proportion d'enfants gauchers ou sans préférence manuelle pour la manipulation d'objets utilisaient leur main droite pour le pointage, alors que très peu de droitiers utilisaient la main gauche pour le pointage. Étant donné la spécialisation hémisphérique gauche pour les principales fonctions langagières chez l'homme, ce résultat souligne la relation étroite de la communication gestuelle et vocale au cours du développement précoce de l'enfant. Cette interconnexion gestes-langage est à l'origine de l'hypothèse selon laquelle un système bimodal dans l'hémisphère cérébral gauche contrôlerait la communication gestuelle et verbale. Ces données ont conduit en particulier M. Corballis (2002) à proposer l'hypothèse selon laquelle le langage aurait même une origine gestuelle.

Plusieurs études ont montré que les primates non humains étaient capables de produire des gestes pour attirer l'attention d'un partenaire humain sur un référent extérieur (voir J. Vauclair et H. Cochet, 2013). Il est cependant plus délicat de déterminer les opérations cognitives et symboliques impliquées dans la production de ces gestes. Leur nature communicative, intentionnelle et référentielle semble toutefois aujourd'hui établie (Meguerditchian et coll., 2013). Toutefois, le plus souvent, les grands singes se voient attribuer des intentions de type impératif et non pas déclaratif. Ils sont ainsi capables de signaler une demande à l'homme en pointant en direction d'un objet hors de portée, mais ils n'utilisent pas, contrairement aux enfants humains, le geste de pointage pour partager un intérêt pour un objet ou un événement particulier. Très rares sont les espèces animales qui comprennent le pointage humain, à l'exception notable du chien, du chat et de l'éléphant, comme présenté plus haut.

L'étude de la main préférée pour communiquer par gestes chez les primates non humains a révélé des ressemblances instructives avec l'enfant. Ces gestes peuvent concerner des échanges communicatifs intraspécifiques. À titre d'exemple, les babouins frappent rapidement le sol avec une main pour menacer un congénère, les chimpanzés tendent le bras pour saluer un autre chimpanzé. Ces échanges peuvent être aussi interspécifiques (un singe tend le bras vers un expérimentateur pour quémander de la nourriture). Les différences espèces étudiées (babouins, chimpanzés, bonobos et gorilles) ont systématiquement montré une prédominance de l'utilisation de la main droite. Comme c'est le cas pour les enfants et les adultes humains, les préférences manuelles des gestes communicatifs des primates non humains sont indépendantes de la latéralisation pour des activités non communicatives (références dans J. Vauclair et H. Cochet, 2013). Ce degré plus prononcé dans le choix de la main droite pour les gestes communicatifs suggère de la sorte une implication de l'hémisphère gauche pour la signalisation communicative chez le singe. Il est utile de noter que les analyses des cerveaux de chimpanzés au moyen de l'imagerie par résonance magnétique ont mis en évidence une association entre les asymétries dans les régions homologues de Broca et de Wernicke et les préférences manuelles pour les gestes de communication (J. P. Tagliatela et coll., 2008). Ce constat est très important quand on le compare à la latéralité pour des actions non communicatives chez les chimpanzés. Cette dernière latéralité est plutôt associée aux asymétries neuro-anatomiques du cortex moteur primaire et pas à celles des aires homologues du langage chez ces primates. Ces travaux indiquent donc la présence d'un système gestuel latéralisé dans l'hémisphère gauche spécifique à la communication qui pourrait être différent du système impliqué dans les fonctions purement motrices de la main. L'hémisphère gauche étant aussi l'hémisphère dominant pour le langage chez l'homme, le système gestuel des primates non humains pourrait ainsi constituer une continuité directe avec la spécialisation hémisphérique du langage de l'homme. Ainsi, les données comportementales et celles liées aux structures cérébrales sont plutôt en faveur de l'origine gestuelle du langage (Vauclair, 2004). Ces arguments sont en concurrence avec ceux postulant une origine exclusivement vocale, comme on l'exposera ci-après.

D'un point de vue évolutif, on peut suggérer que les précurseurs de la spécialisation hémisphérique à gauche du substrat cérébral de la production du langage pourraient avoir émergé dans la communication manuelle de l'ancêtre commun au babouin, au chimpanzé et à l'homme, il y a environ 30-40 millions d'années. Ce système inclut des connexions neuromotrices entre la main et le système oro-facial/vocal. Grâce à ces connexions mains-bouche, ce système serait alors devenu bimodal en intégrant progressivement des vocalisations et des expressions oro-faciales intentionnelles dans le système gestuel au cours de l'évolution, et ce dès l'apparition de l'ancêtre commun au chimpanzé et à l'homme, il y a environ 5-7 millions d'années. Au regard des avantages potentiellement sélectifs de la modalité vocale, comme la possibilité de communiquer sans voir le congénère (durant la nuit ou en raison de longues distances), ce système bimodal se serait complexifié dans la lignée des hominidés pour évoluer vers le langage articulé moderne de l'homme sous la prédominance de la modalité vocale. Ainsi, les mouvements gestuels associés à la parole pourraient constituer la partie résiduelle, toujours active, de ce système bimodal ancestral.

Cette théorie d'un système communicatif intégré (vocal et gestuel) est cohérente avec les observations et les expériences rapportées plus haut chez l'adulte et l'enfant qui soutiennent l'hypothèse (1) d'un seul système intégré dans l'hémisphère gauche en charge à la fois de la communication vocale et de la communication gestuelle et celle (2) du rôle actif de la communication gestuelle dans le développement des habiletés linguistiques chez l'enfant (voir A. Meguerditchian et coll., 2013). Les hypothèses esquissées ici concernant l'origine du langage s'appuient à la fois sur l'étude des modes de communication des primates non humains (aspect phylogénétique) et sur celle du développement du langage chez l'enfant (aspect ontogénétique). Ces travaux montrent combien les recherches comparatives portant sur la communication des primates humains et non humains contribuent à mieux comprendre le rôle respectif des gestes et des vocalisations dans la communication et donc à mieux comprendre le langage et son origine.

Comparativement aux recherches sur les modalités de communication gestuelle et orale, les recherches consacrées à l'apprentissage d'un « langage » chez les anthropoïdes (chapitre 6, p. 108) ont connu un succès considérable auprès des chercheurs comme du grand public. Elles ont pu conduire certains à considérer que les compétences spectaculaires des primates non humains feraient disparaître la barrière entre le langage humain et le « langage » des animaux. Aussi, il est paradoxal de noter que les études expérimentales dans ce domaine ont été peu développées depuis une vingtaine d'années et que des projets de grande envergure n'ont plus été entrepris. Une des raisons de ce relatif désintérêt est liée aux critiques de plusieurs des travaux originaux comme ceux de A. et B. Gardner avec le chimpanzé Washoe ou de ceux de H. S. Terrace avec le chimpanzé Nim (voir le chapitre 6). Parmi les critiques d'ordre méthodologique, certaines des recherches visant à apprendre un « langage » à ces chimpanzés ont été victimes de l'« effet Hans le Malin » (voir p. 96 et K. Suzuki et J. Vauclair, 2016, pour une présentation détaillée de ces critiques).

Primatologues et linguistes se sont plutôt intéressés à la question de la nature des productions animales en tentant de cerner les caractéristiques majeures du langage présentes et absentes dans les compétences des animaux. À cet égard, il faut mentionner la contribution de M. D. Hauser, N. Chomsky, N. et W. T. Fitch (2002) qui ont distingué une fonction de langage au *sens large* et une fonction de langage au *sens étroit*. La première fonction comprend le système sensori-moteur et le système conceptuel-intentionnel (voir, pour un exemple, la catégorisation référentielle chez le chimpanzé, chapitre 6, p. 112-113). Pour ces auteurs, ce premier système serait commun à la communication animale et à la communication linguistique humaine. Par exemple, comme on l'a vu plus haut dans la partie concernant la cognition sociale, les singes sont capables d'intégrer l'information de façon multimodale (combinaison des informations visuelles et auditives) et cette capacité serait un prérequis pour la perception du langage. La fonction du langage au sens étroit comprend les caractéristiques phonologiques, sémantiques et syntaxiques qui seraient propres au seul langage humain. Ce dernier serait surtout caractérisé par un mécanisme notable, la récursivité. Ce mécanisme définit la possibilité de créer une infinité d'expressions (idées) à partir d'un nombre fini d'éléments (les mots). Cette séparation des compétences a été critiquée lorsqu'elle est appliquée à la communication animale. Ainsi, T. Q. Gentner et ses collègues (2006) ont montré que l'étourneau sansonnet est capable d'apprendre des modèles acoustiques (des phrases récursives à partir de deux sons, un cri et un sifflement produits par l'oiseau), qui refléteraient une structure syntaxique considérée pourtant comme étant exclusivement humaine. Cette interprétation a toutefois été remise en cause par M. C. Corballis (2007) pour qui les productions vocales des étourneaux dans le test cité plus haut peuvent être expliquées par une stratégie de comptage et des capacités de mémorisation. Ce n'est déjà pas si mal, mais assez éloigné des capacités computationnelles complexes requises par la récursivité linguistique.

Une approche plus prudente, et peut-être plus instructive, a consisté à analyser les productions acoustiques dans un contexte écologique chez un singe forestier, la mone de Campbell. Ce singe produit une grande variété de signaux vocaux, et, à partir de quelques unités discrètes, il est capable de les concaténer selon diverses configurations (K. Ouattara, A. Lemasson et K. Zuberbühler, 2009). La flexibilité dans l'usage et dans la combinaison des structures vocales de la communication de ces singes conduit les auteurs à affirmer que les mones manifestent une organisation « protosyntactique » de leurs vocalisations. Le débat concernant la transition (brutale ou au contraire continue) entre le langage humain et des systèmes de communication animale reste donc largement ouvert. Il se déplace aujourd'hui vers celui de l'origine du langage et du rôle joué par les vocalisations par rapport à d'autres modalités d'échanges communicatifs comme les gestes.

Une indispensable alliance interdisciplinaire

Les recherches actuelles concernant l'intelligence animale sont caractérisées par une double préoccupation, à savoir (1) insérer les comportements étudiés dans un cadre adaptatif avec l'objectif de détecter les sources évolutives des processus cognitifs et (2) relier les comportements produits par les animaux à leur substrat nerveux. Ces deux objectifs ont été initiés grâce aux rapprochements entre les sciences cognitives et l'éthologie, d'une part, la psychologie animale et les neurosciences, d'autre part (J. Vauclair et M. Kreutzer, 2004). L'éthologie est donc devenue cognitive et la psychologie comparée s'est intéressée à des comportements habituels impliquant non seulement le traitement cognitif des objets physiques, mais également les échanges communicatifs intra- et interindividuels. L'acceptation du postulat darwinien de la continuité mentale entre espèces (voir notamment le chapitre 1, p. 16-17), et plus particulièrement entre les espèces proches comme les primates, a permis de poser les bases de modèles animaux du comportement et de la cognition humaine. À titre d'exemple, de nombreuses activités cognitives, telles les compétences numériques, sont largement indépendantes du langage, comme l'ont montré plusieurs recherches de psychologie comparée et de psychologie du développement (C. Agrillo et M. J. Beran, 2013). Les résultats de ce type d'études ouvrent à leur tour la voie vers des modèles animaux concernant les compétences numériques (cf. chapitre 5). Ainsi, H. Sawamura et ses collègues (2002) ont mis en évidence l'implication du cortex pariétal antérieur des singes dans la représentation numérique de leurs actions.

Un autre exemple de modèle animal concerne la spécialisation cérébrale, généralement considérée comme un trait spécifique de l'espèce humaine. Toutefois, les résultats de plusieurs études sur l'asymétrie de comportements perceptifs et moteurs de nombreux animaux (voir la section consacrée à la communication gestuelle) ont contredit ce point de vue. L'étude des comportements latéralisés chez les primates non humains a en effet montré que cette latéralité aurait été un précurseur potentiel de la spécialisation hémisphérique humaine pour les préférences manuelles, la latéralisation du langage et pour d'autres fonctions cognitives et communicatives (J. Vauclair et A. Meguerditchian, 2007). Les résultats obtenus fondent non seulement l'hypothèse d'une continuité entre espèces de primates, mais ils conduisent aussi à l'élaboration de modèles primates de la spécialisation hémisphérique afin de mieux comprendre les racines de la latéralité humaine et du langage (W. D. Hopkins et J. Vauclair, 2012).

Les modèles de représentations de connaissances élaborés par les psychologues comparatistes sont de type symbolique. Ces modèles ont donc été considérés avec prudence par les éthologistes, car ils sont *a priori* peu adaptés aux comportements des espèces animales qui n'ont pas de langage et qui, dans leur environnement naturel, ne semblent pas être engagées dans des activités symboliques. Un de ces modèles alternatifs (cf. chapitre 8, p. 175) est celui de l'auto-organisation, modèle proposé pour les insectes sociaux. Il caractérise des processus au cours desquels des structures émergent au niveau collectif, à partir d'une multitude d'interactions simples entre insectes, sans qu'elles soient représentées au niveau individuel. Ce modèle a été appliqué avec succès par les éthologistes à certains comportements collectifs de sociétés d'insectes comme la collecte d'aliments ou *foraging* (S. Portha et coll., 2002). Cette auto-organisation concerne également la construction des nids chez les fourmis (A. Khuong et coll., 2016), mais également d'autres comportements collectifs comme les dispersions et les agrégations dans les troupeaux de moutons (Ginelli et coll., 2015), ou encore dans les prises de décision lors des déplacements chez les macaques (C. Sueur et coll., 2011). Cette approche connaît un développement important et permet de réconcilier l'éthologie cognitive et l'écologie comportementale. La question des ressemblances et des différences entre l'intelligence collective des animaux et celle à l'œuvre dans les comportements humains, à travers notamment les réseaux sociaux, fait l'objet de discussions et de controverses (voir T. W. Malone et M. S. Bernstein, 2015).

Un autre champ fertile pour les recherches comparatives est fourni par la théorie des origines de la connaissance humaine proposée par E. Spelke (2008). Selon cette théorie, il existerait, au moins chez les primates non humains et chez l'enfant, mais peut-être également chez d'autres espèces, un système de connaissances fondatrices (*core knowledge*). Ce système se caractérise par quatre types de propriétés. Tout d'abord, il est particulier à un domaine, dans la mesure où chaque système représente des entités particulières comme celles d'*agentivité* (c'est-à-dire la capacité d'un individu à agir sur le monde), d'*objets manipulables*, de *lieux de l'espace* (voir, pour un exemple, la section sur la modularité du traitement de l'espace évoquée plus haut) ou de *numérosité* (cf. chapitre 5, p. 96). De plus, chaque système est adapté à une tâche donnée et utilise ses représentations pour aborder un problème spécifique à propos de l'environnement, du type « Qui est-ce ? » pour la reconnaissance des visages, « Où suis-je ? » pour l'orientation spatiale, ou encore « Combien y en a-t-il ? » pour la numérosité. Troisièmement, chaque système utilise seulement un sous-ensemble des informations reçues par l'animal (ou l'enfant) et envoie des informations seulement à un sous-ensemble du système de réponses de l'animal par effet d'encapsulation. Une dernière propriété concerne le fait que les opérations de chaque système sont relativement automatiques et imperméables au langage ou à des systèmes de croyances explicites.

Cette perspective a déjà inspiré un grand nombre de recherches, en particulier dans le champ de la cognition numérique, dans celui de la construction de l'objet et dans celui de l'orientation spatiale (références dans E. S. Spelke et K. D. Kinzler, 2007). Une telle approche présente l'avantage de ne pas introduire une idée d'échelle dans les compétences cognitives et d'éviter ainsi une *scala naturae* qui a longtemps caractérisé les travaux de la psychologie comparée. Cette approche permet aussi de définir un programme de recherche pour l'étude des bases nerveuses des systèmes de connaissances fondamentales. De façon plus générale, cette conception prédit que la construction et l'utilisation de concepts chez l'homme (qui sont inaccessibles à d'autres animaux) sont réalisées par l'assemblage de connaissances fondamentales. Celles-ci sont partagées par les autres animaux chez qui elles existent sous forme séparée. Le langage est censé jouer un rôle majeur dans l'assemblage et la coordination de tels « blocs » de connaissances.

À terme, l'approche comparative intégrée ancrera fermement l'étude de la cognition humaine dans la biologie afin d'en préciser les bases phylogénétiques et d'en cerner les contours. Les recherches concernant l'intelligence et le langage poursuivies par la psychologie comparée devraient conduire à définir les caractéristiques d'une cognition telle qu'elle peut se manifester en dehors du langage. Elles contribueront de la sorte à une meilleure compréhension non seulement de la cognition animale, mais également de la cognition humaine, en tant que produit à la fois de notre histoire ontogénétique et de notre passé phylogénétique.

Remerciements

Un des moments bien agréables de la finition d'un livre est celui des remerciements. Je les adresse très volontiers à Catherine Bousquet, pour ses judicieuses indications sur l'architecture des chapitres, à Jacques Hémery, qui harmonise finement la rigueur technique avec le plaisir de l'image. Grand merci à Michel Vancassel pour ses objections stimulantes et à André Wyss, pour son souci d'une langue précise.

Bibliographie

Anderson, J. R., 1984, « The development of self-recognition : a review », *Developmental Psychobiology*, 17 (1) : 35-49.

–, 1986, « Mirror-mediated finding of hidden food by monkeys (*Macaca tonkeana and Macaca fascicularis*) », *Journal of Comparative Psychology*, 100 : 237-242.

–, 1990, « Use of objects as hammers to open nuts by capuchin monkeys (*Cebus apella*) », *Folia Primatologica*, 54 : 138-145.

Andler, D., 1986, « Le cognitivisme orthodoxe en question », *Cognition et Complexité, Cahiers*, Paris, CREA, n° 9, p. 9-106.

–, 1989, « Sciences cognitives », *Encyclopaedia universalis*, Paris, vol. 6, p. 65-74.

Bard, K. A., 1990, « »Social tool use » by free-ranging orangutans : a Piagetian and developmental perspective on the manipulation of an inanimate object », dans S. T. Parker et K. R. Gibson (éd.), *Comparative Developmental Psychology of Language and Intelligence in Primates*, New York, Cambridge University Press, p. 356-378.

–, Vauclair, J., 1984, « The communicative context of object manipulation in ape and adult-infant pairs », Journal of Human Evolution, 13 : 181-190.

Bates, E., 1979, *The Emergence of Symbols. Cognition and Communication in Infancy, New York*, Academic Press.

–, Camaioni, L., Volterra, V., 1975, « The acquisition of performatives prior to speech », *Merril-Palmer Quarterly*, 21 : 205-226.

Beck, B. B., 1980, *Animal Tool Behavior : The Use and Manufacture of Tools by Animals*, New York, Garland.

Bellugi, U., Klima, E. S., 1978, « Le langage gestuel des sourds », *La Recherche*, 95 : 1083-1091.

Bennett, J., 1976, *Linguistic Behavior*, Cambridge, Cambridge University Press.

Benveniste, E., 1952, « Communication animale et langage humain », *Diogène*, 1 : 1-8.

–, 1966, *Problèmes de linguistique générale*, Paris, Gallimard.
Berrendonner, A., 1982, *Éléments de pragmatique linguistique*, Paris, Éd. de Minuit.
Beugnon, G., Campan, R., 1989, « Spatial memory and spatial cognition in insects », *Etologia*, 1 : 63-86.
Blanc, M., 1990, *Les Héritiers de Darwin. L'évolution en mutation*, Paris, Éd. du Seuil.
–, 1991, « De l'humain dans l'animal », *Alliage*, 7-8 : 94-98.
Boesch, C., 1991, « Teaching among wild chimpanzees », *Animal Behavior*, 41 : 530-532.
–, Boesch, H., 1983, « Optimization of nut cracking with natural hammers by wild chimpanzees », *Behaviour*, 83 : 265-286.
–, Boesch, H., 1984, « Mental maps in wild chimpanzees : an analysis of hammer transports for nut cracking », *Primates*, 25 (2) : 160-170.
–, Boesch, H., 1990, « Tool use and tool making in wild chimpanzees », *Folia Primatologica*, 54 : 86-99.
–, Boesch-Ackermann, H., 1991, « Les chimpanzés et l'outil », *La Recherche*, 22 (233) : 724-731.
Bolles, R. C., 1972, « Reinforcement, expectancy and learning », *Psychological Review*, 79 : 394-409.
Boysen, S. T., Berntson, G. B., 1989, « Numerical competence in a chimpanzee (*Pan troglodytes*) », *Journal of Comparative Psychology*, 103 (1) : 23-31.
Boysen, S. T., Capaldi, E. J. (éd.), 1993, *The Development of Numerical Competence : Animal and Human Models*, Hillsdale, NJ, Lawrence Erlbaum Associates.
Bresson, F., 1976, « Inferences from animal to man : identifying functions », dans M. von Cranach (éd.), *Methods of Inference from Animal to Human Behaviour*, Paris, Mouton, p. 319-342.
Bronckart, J. P., 1977, *Théories du langage. Une introduction critique*, Bruxelles, Mardaga.
–, 1978, « Réflexions critiques sur les théories de l'acquisition du langage », *Pratiques et Théorie*, Université de Genève, Cahiers de la section des sciences de l'éducation, p. 1-29.
–, 1987, « Les fonctions de représentation et de communication chez l'enfant », *La Psychologie, Encyclopédie de la Pléiade*, Paris, Gallimard, p. 680-714.
–, Parot, F., Vauclair, J., 1987, « Les fonctions de communication et de représentation chez l'animal », *La Psychologie, Encyclopédie de la Pléiade*, Paris, Gallimard, p. 92-122.
Bruner, J., 1983, *Children's Talk*, New York, W. W. Norton.

Bullova, M., 1980, *Before Speech*, Cambridge, Cambridge University Press.

Campbell, C. B. G., Hodos, W., 1991, « The Scala Naturae revisited : Evolutionary scales and anagenesis in comparative psychology », *Journal of Comparative Psychology*, 105 : 211-221.

Candland, D. K., French, J. A., Johnson, C. N., 1978, « Object play : a test for categorized model by the genesis of object-play in Macaca fuscata », dans E. O. Smith (éd.), *Social Play in Primates*, New York, Academic Press, p. 259-296.

Caron, J., 1989, *Précis de psycholinguistique*, Paris, Presses universitaires de France.

Carpenter, C., 1934, « A field study of the behavior and social relations of howling monkeys », *Comparative Psychology Monographs*, 10 (2) : 1-168.

Cartwright, B. A., Collett, T. S., 1983, « Landmarks learning in bees. Experiments and models », *Journal of Comparative Physiology*, 151 : 521-543.

Cheney, D. L., Seyfarth, R. M., 1980, « Vocal recognition in free-ranging vervet monkeys », *Animal Behavior*, 28 : 362-367.

–, Seyfarth, R. M., 1982, « How vervet monkeys perceive their grunts : field playback experiments », *Animal Behavior*, 30 : 739-751.

–, Seyfarth, R. M., 1985, « The social and non-social world of nonhuman primates », dans R. A. Hinde, A.-N. Perret-Clermont et J. Stevenson-Hinde (éd.), *Social Relationships and Cognitive Development*, Oxford, Clarendon Press, p. 23-44.

–, Seyfarth, R. M., 1990, « How Monkeys See the World. Inside the Mind of Another Species », Chicago, University of Chicago Press.

–, Seyfarth, R. M., Smuts, B., 1986, « Social relationships and social cognition in non-human primates », *Science*, 234 : 1361-1366.

Cheng, K., 1986, « A purely geometric module in the rat's spatial memory », *Cognition*, 23 : 149-178.

Chomsky, N., 1970, *Le Langage et la Pensée*, Paris, Payot.

–, 1988, *Language and the Problems of Knowledge : The Manauga Lectures*, Cambridge, Mass., MIT Press.

Church, R. M., Gibbon, J., 1982, « Temporal generalization », *Journal of Experimental Psychology* : Animal Behavior Processes, 8 : 165-186.

Crook, J. H., 1983, « On attributing consciousness to animals », *Nature*, 303 : 11-14.

Darwin, C. 1871, *The Descent of Man and Selection in Relation to Sex*, Londres, Murray.

Dasser, V., 1985, « Cognitive complexity in primate social relationships », dans R. A. Hinde, A.-N. Perret-Clermont et J. Stevenson-Hinde (éd.), *Social Relationships and Cognitive Development*, Oxford, Clarendon Press, p. 9-22.

–, 1987a, « Slides of group members as representations of real animals (Macaca fascicularis) », *Ethology*, 76 : 65-73.

–, 1987b, *A Social Concept of Monkeys*, thèse inaugurale, université de Zürich.

–, 1988, « A social concept in Java monkeys », *Animal Behavior*, 36 : 225-230.

Davenport, R. K., Rogers, C. M., 1970, « Intermodal equivalence of stimuli in apes », *Science*, 168 : 279-280.

–, Rogers, C. M., 1971, « Perception of photographs by apes », *Behaviour*, 39 : 318-320.

–, Rogers, C. M., Russel, I. S., 1975, « Cross-modal perception in apes : altered visual cues and delay », *Neuropsychologia*, 13 : 229-235.

Davis, H., Bradford, S. A., 1986, « Counting behavior by rats in a simulated natural environment », *Ethology*, 73 : 265-280.

–, Pérusse, R., 1988, « Numerical competence in animals : definitional issues, current evidence, and a new research agenda », *The Behavioral and Brain Sciences*, 11 : 561-615.

Demarest, J., 1983, « The ideas of change, progress, and continuity in the comparative psychology of learning », dans D. W. Rajecki (éd.), *Comparing Behavior : Studying Man, Studying Animals*, Hillsdale, Lawrence Erlbaum Associates, p. 143-179.

Dennett, D. C., 1983, « Intentional systems in cognitive ethology : the « panglossian paradigm » defended », *The Behavioral and Brain Sciences*, 6 : 343-390.

Dickinson, A., 1984, *L'Apprentissage animal. Théories contemporaines*, Toulouse, Privat.

Doré, F. Y., 1983, *L'Apprentissage. Une approche psycho-éthologique*, Montréal, Chenelière & Stanké.

–, 1986, « Object permanence in adult cats (Felix catus) », *Journal of Comparative Psychology*, 100 : 340-347.

–, Kirouac, G., 1987, « What comparative psychology is about : back to the future », *Journal of Comparative Psychology*, 101 (3) : 242-248.

Dumas, C., Doré, F. Y., 1986, *L'Intelligence animale. Recherches piagétiennes*, Presses de l'université du Québec, « Monographies de psychologie ».

Dyer, F. C., 1991, « Bees acquire route-based memories but not cognitive maps in a familiar landscape », *Animal Behavior*, 41 : 239-246.

Eibl-Eibesfeldt, I., 1972, *Éthologie : biologie du comportement*, Paris, Naturalia & Biologia.

Eldredge, N., Gould, S. J., 1972, « Punctuated equilibria : an alternative to phyletic gradualism », dans T. J. M. Schopf (éd.), *Models in Paleobiology*, San Francisco, Freeman-Cooper, p. 82-115.

Etienne, A. S., 1973, « Searching behaviour towards a disappearing prey in the domestic chick as affected by preliminary experience », *Animal Behavior*, 21 : 149-161.

–, 1984, « The meaning of object permanence at different zoological levels », *Human Development*, 27 : 309-320.

Fabrigoule, C., 1986, « Study of cognitive processes used by dogs in spatial tasks », dans P. Ellen et C. Thinus-Blanc (éd.), *Cognitive Processes and Spatial Orientation in Animals, Dordrecht*, Martinus Nijhoff, vol. 1, p. 114-123.

Fouts, R. S., Fouts, D. H., Schoenfeld, D., 1984, « Sign language conversational interaction between chimpanzees », *Sign Language Studies*, 42 : 1-12.

Frank, H., Frank, M. G., 1985, « Comparative manipulation-test performance in ten-week-old wolves (*Canis lupus*) and Alaskan malamutes (*Canis familiaris*) : a Piagetian interpretation », *Journal of Comparative Psychology*, 99 : 266-274.

Frisch, K. von, 1950, *Bees : Their Vision, Chemical Senses and Language*, Oxford, Oxford University Press.

–, 1967, *Dance Language and Orientation of Bees*, Cambridge, Mass., Harvard University Press.

Futuyma, D. J., 1986, *Evolutionary Biology*, Sunderland, Mass., Sinauer.

Gallistel, C. R., 1989, « Animal cognition : the representation of space, time and number », *Annual Review of Psychology*, 40 : 155-189.

–, 1990, *The Organization of Learning*, Cambridge, Mass., MIT Press.

Gallup, G. G., 1970, « Chimpanzees : self-recognition », *Science*, 167 : 86-87.

Garcia, J., Hankins, W. G., Rusiniak, K. W., 1976, « Food aversion studies », *Science*, 192 : 265-266.

Gardner, R. A., Gardner, B. T., 1969, « Teaching sign language to a chimpanzee », *Science*, 165 : 664-672.

–, Gardner, B. T., 1978, « Comparative psychology and language acquisition », *Annals of the New York Academy of Sciences*, 309 : 37-76.

Garner, W. R., 1974, *The Processing of Information and Structure*, Hillsdale, Lawrence Erlbaum Associates.
Gibbon, J., Allan, L. (éd.), 1984, « Timing and time perception », *Annals of the New York Academy of Sciences*, 423.
Gibson, J. J., 1966, *The Senses Considered as Perceptual Systems*, New York, Houghton-Mifflin.
Gibson, K. R., Ingold, T. (éd.), 1993, *Tools, Language and Cognition in Human Evolution*, New York, Cambridge University Press.
Gifford, E., 1919, « Field notes on the land birds of the Galapagos Islands and of Cocos Islands, Costa Rica », *Proc. Calif. Acad. Sci.*, 2 : 189-268.
Gillan, D. D., 1981, « Reasoning in the chimpanzee », II : « Transitive inference », *Journal of Experimental Psychology : Animal Behavior Processes*, 7 : 150-164.
Glaserfeld, E. von, 1977, « Linguistic communication : theory and definition », dans D. M. Rumbaugh (éd.), *The LANA Project*, New York, Academic Press, p. 55-71.
Gordon, C. W., 1983, « The malleability of memory in animals », dans R. L. Mellgren (éd.), *Animal Cognition and Behavior*, North-Holland, p. 399-426.
Gottlieb, G., 1987, « The developmental basis of evolutionary change », *Journal of Comparative Psychology*, 101 (3) : 262-271.
Gould, J. L., 1986, « The locale map of honey-bee : do insects have cognitive maps ? », *Science*, 232 : 861-863.
Gould, S. J., 1982, « Change in the developmental timing as a mechanism of evolution », dans J. T. Boner (éd.), *Evolution and Development*, Berlin, Springer Verlag, p. 333-346.
Greenfield, P., Savage-Rumbaugh, E. S., 1991, « Imitation, grammatical development, and the invention of protogrammar by an ape », dans N. Krasnegor, D. M. Rumbaugh, M. Studdert-Kennedy et R. L. Scheifelbusch (éd.), *Biological and Behavioral Determinants of Language Development*, Hillsdale, Lawrence Erlbaum Associates.
Grice, P., 1979, « Logique et conversation », *Communications*, 30 : 57-72.
Griffin, D. R., 1958, *Listening in the Dark*, New Haven, Conn., Yale University Press.
–, 1976, *The Question of Animal Awareness*, New York, Rockefeller University Press.
–, 1978, « Prospects for a cognitive ethology », *The Behavioral and Brain Sciences*, 1 : 527-538.

_ (éd.), 1982, *Animal Mind – Human Mind*, New York, Springer Verlag.

–, 1984, *Animal Thinking*, Cambridge, Mass., Harvard University Press.

Gruber, H. E., Girgus, J. S., Banuazizi, A., 1971, « The development of object permanence in the cat », *Developmental Psychology*, 14 : 9-15.

Guillaume, P., 1940, *La Psychologie animale*, Paris, Colin.

–, 1941, *La Psychologie des singes*, Paris, Presses universitaires de France.

Hall, K., Schaller, G. B., 1964, « Tool using behavior of the California sea otter », *Journal of Mammalogy*, 45 : 287-298.

Hamilton, W., Buskirk, R., Buskirk, W., 1975, « Defensive stoning by baboons », *Nature*, 256 : 488-489.

Harcourt, A. H., de Waal, F. B. M. (éd.), 1992, *Coalitions and Alliances in Humans and other Animals*. Oxford, Oxford University Press.

Harlow, H. F., 1949, « The formation of learning sets », *Psychological Review*, 56 : 51-65.

Hauser, M. D., 1989, « Ontogenetic changes in the comprehension and production of vervet monkey (Cercopithecus aethiops) vocalizations », *Journal of Comparative Psychology*, 103 : 149-158.

Hayes, K. J., 1951, *The Ape in our House*, New York, Harper & Row.

Hebb, D. O., 1974, « What psychology is about », *American Psychologist*, 29 : 71-79.

Herman, L. M., Richards, D. G., Wolz, J. P., 1984, « Comprehension of sentences by bottlenosed dolphins », *Cognition*, 16 : 129-219.

Herrnstein, R. J., 1979, « Acquisition, generalization, and discrimination reversal of a natural concept », *Journal of Experimental Psychology : Animal Behavior Processes*, 7 : 150-164.

–, Loveland, D. H., Cable, C., 1976, « Natural concepts in pigeons », *Journal of Experimental Psychology : Animal Behavior Processes*, 2 : 285-311.

–, de Villiers, P. A., 1980, « Fish as a natural category for people and pigeons », dans G. H. Bower (éd.), *The Psychology of Learning and Motivation*, New York, Academic Press, vol. 14, p. 60-97.

Hewes, G. W., 1973, « Primate communication and the gestural origin of language », *Current Anthropology*, 14 : 5-24.

Hinde, R. A., 1982, *Ethology*, Oxford, Oxford University Press.

–, Stevenson-Hinde, J. G. (éd.), 1973, *Constraints on Learning. Limitations and Predispositions*, New York, Academic Press.
Hockett, C. F., 1960, « The origin of speech », *Scientific American*, 203 : 88-96.
Hodos, W., Campbell, C. B. G., 1969, « Scala Naturae : Why there is no theory in comparative psychology ? », *Psychological Review*, 76 : 337-350.
Honig, W. K., James, P. H. R. (éd.), 1971, *Animal Memory*, New York, Academic Press.
Hull, C. L., 1943, *Principles of Behavior*, New York, Appleton-Century-Crofts.
Humphrey, N., 1976, « The social function of intellect », dans P. P. G. Bateson et R. A. Hinde (éd.), *Growing Points in Ethology*, Cambridge University Press, p. 303-317.
Huxley, J. S., 1943, *Evolution : The New Synthesis*, New York, Harper & Row.
Itakura, S., 1987, « Mirror guided behavior in Japanese monkeys (Macaca fuscata fuscata) », *Primates* 28 (2) : 149-161.
Izawa, K., 1979, « Foods and feeding behavior of wild black-capped capuchins (*Cebus apella*) », *Primates*, 20 : 57-76.
Jerison, H. J., 1973, *Evolution of the Brain and Intelligence*, New York, Academic Press.
Johanson, D. C., White, T. D., 1979, « A systematic assessment of early African hominids », *Science*, 203 : 321-330.
Jolly, A., 1966, « Lemur social behavior and primate intelligence », *Science*, 153 : 501-506.
Joubert, A., Vauclair, J., 1986, « Reaction to novel objects in a troop of Guinea baboons : approach and manipulation », *Behaviour*, 96 : 92-104.
Kaas, J. H., 1987, « The organization of neocortex in mammals : implications for theory of brain function », *Annual Review of Psychology*, 38 : 129-151.
Kamil, A. C., 1978, « Systematic foraging by a nectar-feeding bird, the Amakiki (Loxops virens) », *Journal of Comparative and Physiological Psychology*, 92 : 388-396.
–, 1984, « Adaptation and cognition : knowing what comes naturally », dans H. L. Roitblat, T. G. Bever et H. S. Terrace (éd.), *Animal Cognition*, Hillsdale, Lawrence Erlbaum Associates, p. 533-544.
Kaye, K., 1983, *The Mental and Social Life of Babies*, Chicago, Chicago University Press.
Klüver, H., 1933, *Behavior Mechanisms in Monkeys*, Chicago, Chicago University Press.

Konishi, M., 1963, « The role of auditory feedback in the vocal behaviour of the domestic fowl », *Zeitschrift für Tierpsychologie*, 20 : 349-367.

Koehler, O., 1960, « Le dénombrement chez les animaux », *Journal de psychologie normale et pathologique*, 57 : 45-58.

Köhler, W., 1925, *The Mentality of Apes*, Londres, Routledge & Kegan Paul.

Kummer, H., 1967, « Tripartite relations in hamadryas baboons », dans S. Altmann (éd.), *Social Communication among Primates*, Chicago, Chicago University Press, p. 63-71.

–, 1982, « Social knowledge in free-ranging primates », dans D. R. Griffin (éd.), *Animal Mind – Human Mind*, Berlin, Springer Verlag, p. 113-130.

Lachman, R., Lachman, J. L., Butterfield, E. C., 1979, *Cognitive Psychology and Information Processing : An Introduction*, Hillsdale, Lawrence Erlbaum Associates.

Lannoy, J. de, 1987, « A propos des expériences mentales chez les animaux », dans M. Siguan (éd.), *Comportement, Cognition et Conscience*, Paris, Presses universitaires de France, p. 89-99.

Latto, R., 1986, « The question of animal consciousness », *The Psychological Record*, 36 : 309-314.

Lieberman, P., 1984, *The Biology and Evolution of Language, Cambridge*, Mass., Harvard University Press.

Loeb, J., 1900, *Comparative Physiology of the Brain and Comparative Psychology*, New York, Putnam.

Lorenz, K., 1970, *Essais sur le comportement animal et humain*, Paris, Éd. du Seuil.

Lovejoy, C. O., 1981, « The origin of man », *Science*, 211 : 341-350.

McFarland, D., 1989, *Problems of Animal Behaviour*, New York, John Wiley & Sons.

McGonigle, B. O., Chalmers, M., 1977, « Are monkeys logical ? », *Nature*, 267 : 694-696.

McGrew, W. C., 1977, « Socialization and object manipulation of wild chimpanzees », dans S. Chevalier-Skolnikoff et F. E. Poirier (éd.), *Primate Bio-Social Development*, New York, Garland, p. 261-288.

MacPhail, E. M., 1982, *Brain and Intelligence in Vertebrates*, Oxford, Clarendon Press.

–, 1987, « The comparative psychology of intelligence », *The Behavioral and Brain Sciences*, 10 : 645-696.

Malone, D. R., Tolan, J. C., Rogers, C. M., 1980, « Cross-modal matching of objects and photographs in the monkey », *Neuropsychologia*, 18 : 693-697.

Marler, P., 1979, « Les communications animales », *La Recherche en éthologie*, Paris, Éd. du Seuil, coll. « Points Sciences », p. 200-248.
–, 1984, « Song learning : innate species differences in the learning process », dans H. S. Terrace (éd.), *The Biology of Learning*, Berlin, Springer Verlag, p. 289-310.
–, Dufty, A., Pickert, R., 1986a, « Vocal communication in the domestic chicken », I : « Does a sender communicate information about the quality of a food referent to a receiver ? », *Animal Behavior*, 34 : 188-193.
–, Dufty, A., Pickert, R., 1986b, « Vocal communication in the domestic chicken », II : « Is a sender sensitive to the presence and nature of a receiver ? », *Animal Behavior*, 34 : 194-198.
Mathieu, M., Bergeron, G., 1981, « Piagetian assessment of cognitive development in chimpanzees (Pan troglodytes) », dans A. B. Chiarelli et R. S. Corruccini (éd.), *Primate Behavior and Sociobiology*, Berlin, Springer Verlag, p. 142-147.
–, Bouchard, M. A., Granger, L., Herscovitch, J., 1976, « Piagetian object permanence in Cebus capucinus, Lagothrica flavicauda and Pan troglodytes », *Animal Behavior*, 24 : 585-588.
–, Daudelin, N., Dagenais, Y., Gouin Décarie, T., 1980, « Piagetian causality in two house-reared chimpanzees (Pan troglodytes) », *Revue canadienne de psychologie*, 34 : 179-186.
Matsuzawa, T., 1985, « Use of numbers by a chimpanzee », *Nature*, 315 (6014) : 57-59.
Medin, D. L., Roberts, W. A., Davis, R. T. (éd.), 1976, Processes of Animal Memory, Hillsdale, Lawrence Erlbaum Associates.
Médioni, J., 1987, « Comparative psychology as a search for invariants », *Journal of Comparative Psychology*, 101 : 275-276.
Menzel, E. W., 1973, « Chimpanzee spatial memory », *Science*, 182 : 943-945.
–, 1978, « Cognitive mapping in chimpanzees », dans S. H. Hulse, H. Fowler et W. K. Honig (éd.), *Cognitive Processes in Animal Behavior*, Hillsdale, Lawrence Erlbaum Associates, p. 375-422.
–, Savage-Rumbaugh, E. S., Lawson, J., 1985, « Chimpanzee (Pan troglodytes) spatial problem solving with the use of mirror and televised equivalents of mirrors », *Journal of Comparative Psychology*, 99 : 211-217.
Meyer, J. A., Wilson, S. W., (éd.), 1991, *Simulation of Adaptative Behavior : From Animals to Animats*, Cambridge, Mass., MIT Press.
Mignault, C., 1985, « Transition between sensori-motor and symbolic activities in nursery-reared chimpanzees (*Pan troglodytes*) », *Journal of Human Evolution*, 14 : 747-758.

Miles, H. L., 1983, « Apes and language : the search for communicative competence », dans J. de Luce et H. T. Wilder (éd.), *Language in Apes*, New York, Springer Verlag, p. 43-61.

Miller, G. A., 1956, *Langage et Communication*, Paris, Presses universitaires de France.

Montpellier, G. de, 1947, *Intelligence animale et Intelligence humaine*, Paris, Vrin.

Morgan, C. L., 1894, *An Introduction to Comparative Psychology*, Londres, Scott.

Morgan, M. J., Fitch, M. D., Holman, J. G., Lea, S. E. G., 1976, « Pigeons learn the concept of an « A » », *Perception*, 5 : 57-66.

Morin, E., 1973, *Le Paradigme perdu : la nature humaine*, Paris, Éd. du Seuil.

Moscovici, S., 1972, *La Société contre nature*, Paris, Union générale d'éditions, coll. « 10/18 ».

Muncer, M. J., 1983, « "Conversations" with a chimpanzee », *Developmental Psychobiology*, 16 : 1-11.

Newell, A., Simon, H. A., 1972, *Human Problem Solving*, Englewood Cliffs, N. J., Prentice-Hall.

O'Keefe, J., Nadel, L., 1978, *The Hippocampus as a Cognitive Map*, Oxford, Clarendon Press.

Olton, D., Samuelson, R. J., 1976, « Remembrance of places passed : spatial memory in rats », *Journal of Experimental Psychology* : Animal Behavior Processes, 2 : 97-116.

Owings, D., Coss, R., 1977, « Snake mobbing by California ground squirrels : adaptive variation and ontogeny », *Behaviour*, 62 : 50-69.

Pallaud, B., 1982, « L'apprentissage par observation chez l'animal », *Journal de psychologie*, 3 : 299-324.

Papandropoulou, I., Sinclair, H., 1974, « What is a word ? Experimental study of children's ideas on grammar », *Human Development*, 77 : 241-258.

Parker, S. T., 1977, « Piaget's sensorimotor series in an infant macaque : a model for comparing unstereotyped behavior and intelligence in human and nonhuman primates », dans S. Chevalier-Skolnikoff et F. E. Poirier (éd.), *Primate Biosocial Development : Biological, Social, and Ecological Determinants*, New York, Garland, p. 43-112.

–, Gibson, K. R., 1977, « Object manipulation, tool use, and sensorimotor intelligence as feeding adaptations in cebus monkeys and great apes », *Journal of Human Evolution*, 6 : 623-641.

Parker, S. T., Mitchell, R. W., Boccia, M. L. (éd.), 1994, *Self-Awa-*

reness in Animals and Humans : Developmental Perspectives, New York, Cambridge University Press.

Patterson, F. G., Linden, E., 1981, *The Education of Koko*, New York, Holt, Reinhart & Winston.

Pavlov, I., 1932, *Les Réflexes conditionnels*, Paris, Alcan.

Pearce, J. M., 1987, *An Introduction to Animal Cognition*, Hillsdale, Lawrence Erlbaum Associates.

Peckham, G., Peckham, E., 1898, « On the instincts and habits of the solitary wasps », *Bull. Wisc. Geol. Nat. Hist. Surv.*, 2 : 1-245.

Pepperberg, I. M., 1991, « A communicative approach to animal cognition : a study of conceptual abilities of an African grey parrot », dans C. A. Ristau (éd.), *Cognitive Ethology. The Minds of Other Animals*, Hillsdale, Lawrence Erlbaum Associates.

–, Kozak, F. A., 1986, « Object and permanence in the African grey parrot (Psittacus erithacus) », *Animal Learning and Behavior*, 14 : 322-330.

Pfungst, O., 1965, *Clever Hans*, New York, Holt, Reinhart & Winston (éd. allemande originale : 1908).

Piaget, J., 1946, *La Formation du symbole chez l'enfant*, Paris, Delachaux & Niestlé.

–, 1967, *Biologie et Connaissance*, Paris, Gallimard.

–, 1970, *Épistémologie des sciences de l'homme*, Paris, Gallimard.

–, 1976, *Le Comportement, moteur de l'évolution*, Paris, Gallimard.

–, Inhelder, B., 1966, *La Psychologie de l'enfant*, Paris, Presses universitaires de France, coll. « Que sais-je ? ».

Piéron, H., 1941, « Psychologie zoologique », dans Dumas, *Nouveau Traité de psychologie*, Paris, Presses universitaires de France, fasc. 1.

Plooij, F. X., 1978, « Some basic traits of language in wild chimpanzees ? », dans A. Lock (éd.), *Action, Gesture and Symbol*, New York, Academic Press, p. 111-131.

–, 1980, « How wild chimpanzees babies trigger the onset of mother-infant play and what the mother makes of it », dans M. Bullowa (éd.), *Before Speech*, Cambridge, Cambridge University Press, p. 111-131.

–, 1984, *The Behavioral Development of Free-living Chimpanzee Babies and Infants*, Norwood, Ablex.

Plotkin, H. C. (éd.), 1988, *The Role of Behavior in Evolution*, Cambridge, Mass., MIT Press.

Povinelli, D. J., Nelson, K. E., Boysen, S. T., 1990, « Inferences about guessing and knowing by chimpanzees (Pan troglodytes) », *Journal of Comparative Psychology*, 104 (3) : 203-210.

Povinelli, D. J., Parks, K. A., Novak, M. A., 1991, « Do rhesus monkeys (Macaca mulatta) attribute knowledge and ignorance to others ? », *Journal of Comparative Psychology*, 105 : 318-325.

Premack, D., 1971, « Language in chimpanzees ? », *Science*, 172 : 808-822.

–, 1975, « Putting a face together », *Science*, 188 : 228-236.

–, Woodruff, G., 1978a, « Does the chimpanzee have a theory of mind ? », *The Behavioral and Brain Sciences*, 3 : 615-636.

–, Woodruff, G., 1978b, « Chimpanzee problem-solving : a test for comprehension », *Science*, 202 (4367) : 532-535.

Quiatt, D., 1984, « Devious intentions of monkeys and apes ? », dans R. Harré et V. Reynolds (éd.), *The Meaning of Primate Signals*, Cambridge, Cambridge University Press, p. 9-40.

Redshaw, M., 1978, « Cognitive development in human and gorilla infants », *Journal of Human Evolution*, 7 : 133-141.

Rensch, B., 1953, « The relation between the central nervous functions and the body size of animals », dans J. Huxley, A. C. Hardy et E. Ford (éd.), *Evolution as a Process*, New York, Collier.

Rensch, B., 1959, *Evolution above the Species Level*, London, Methuen.

Richelle, M., 1987, « Les cognitivismes : progrès, régression ou suicide de la psychologie ? », dans M. Siguan (éd.), *Comportement, Cognition et Conscience*, Paris, Presses universitaires de France, p. 182-199.

Ristau, C. A., 1986, « Do animals think ? », dans R. J. Hoage et L. Goldman (éd.), *Animal Intelligence*, Washington, Smithsonian Institution Press, p. 165-185.

Roitblat, H. L., 1982, « The meaning of representation in animal memory », *The Behavioral and Brain Sciences*, 5 : 353-406.

–, 1987, *Introduction to Comparative Cognition*, New York, W. H. Freeman & Co.

Roitblat, H. L., Herman, L. M., Nachtigall, P. E. (éd.), 1993, *Language and Communication : Comparative Perspectives*, Hillsdale, NJ, Lawrence Erlbaum Associates.

Romanes, G. J., 1882, *Animal Intelligence*, New York, Appleton Co.

Rosch, E., 1973, « On the internal structure of perceptual and semantic categories », dans T. E. Moore (éd.), *Cognitive Development and the Acquisition of Language*, New York, Academic Press.

Rozin, P., 1976, « The evolution of intelligence and access to the cognitive unconscious », dans J. M. Sprague et A. N. Epstein (éd.), *Progress in Psychobiology and Physiological Psychology*, New York, Academic Press.

Rumbaugh, D. M., Pate, J. L., 1984, « The evolution of cognition in primates : a comparative perspective », dans H. L. Roitblat, T. G. Bever et H. S. Terrace (éd.), *Animal Cognition*, Hillsdale, Lawrence Erlbaum Associates, p. 569-587.

–, Richardson, W. K., Washburn, D. A., Savage-Rumbaugh, E. S., Hopkins, W. D., 1989, « Rhesus monkeys (Macaca mulatta), video tasks and implications for stimulus-response spatial contiguity », *Journal of Comparative Psychology*, 103 (1) : 32-38.

Saussure, F. de, 1916, *Cours de linguistique générale*, Paris, Payot.

Savage-Rumbaugh, E. S., McDonald, K., Sevcik, R. A., Hopkins, W. D., Rupert, E., 1986, « Spontaneous symbol acquisition and communicative use by pygmy chimpanzees (*Pan paniscus*), *Journal of Experimental Psychology : General*, 115 : 211-235.

–, Rumbaugh, D. M., Boysen, S. L., 1978, « Symbolic communication between two chimpanzees (*Pan troglodytes*) », *Science*, 201 : 641-644.

–, Rumbaugh, D. M., Smith, S. T., Lawson, J., 1980, « Reference : the linguistic essential », *Science*, 210 : 921-925.

–, Sevcik, R. A., Hopkins, W. D., 1986, « Symbolic cross-modal transfer in two species of chimpanzees », *Child Development*, 59 : 617-625.

Schrier, A. M., Angarella, R., Povar, M., 1984, « Studies of concept formation by stumptail monkeys : concepts monkeys, humans and letter A », *Journal of Experimental Psychology : Animal Behavior Processes*, 10 : 564-584.

Schusterman, R. J., Gisiner, R., 1988, « Artificial language comprehension in dolphins and sea lions : The essential cognitive skills », *The Psychological Record*, 38 : 311-348.

Seligman, M. E. P., 1970, « On the generality of the laws of learning », *Psychological Review*, 77 : 406-418.

Seyfarth, R. M., Cheney, D. L., 1984, « Grooming, alliances and reciprocal altruism in vervet monkeys », *Nature*, 308 : 541-543.

–, Cheney, D. L., Marler, P., 1980, « Monkey responses to three different alarm calls : evidence of predator classification and semantic communication », *Science*, 210 : 801-803.

Shaffer, H. R., 1977, *Studies in Mother-Infant Interaction*, New York, Academic Press.

Shettleworth, S. J., 1983, « La mémoire des oiseaux stockeurs », *Pour la Science*, mai 1983 : 60-68.

–, Krebs, J. R., 1982, « How marsh tits find their hoards : the roles of site preference and spatial memory », *Journal of Experimental Psychology : Animal Behavior Processes*, 8 (4) : 354-379.

Simon, H. A., 1972, « Complexity and the representation of patterned sequences of symbols », *Psychological Review*, 70 : 369-382.

Skard, O., 1950, « A comparison of human and animal learning in the stone multiple T-maze », *Acta psychologica*, 7 : 89-109.

Skinner, B. F., 1938, *The Behavior of Organisms*, New York, Appleton-Century-Crofts.

Smilie, D., 1982, « Rethinking Piaget's theory of infancy », *Human Development*, 25 : 282-294.

Smith, W. J., 1977, *The Behavior of Communication, an Ethological Approach*, Cambridge, Mass., Harvard University Press.

Snowdon, C. T., 1990, « Language capacities of nonhuman animals », *Yearbook of Physical Anthropology*, 33 : 215-243.

Spear, N. E. et R. R. Miller (éd.), 1981, *Processes in Animals : Memory Mechanisms*, Hillsdale, Lawrence Erlbaum Associates.

Spinozzi, G., Natale, F., 1986, « The interaction between prehension and locomotion in macaque, gorilla and child cognitive development », dans J. G. Else, P. C. Lee (éd.), *Primate Ontogeny, Cognition and Social Behaviour*, Cambridge University Press, p. 155-160.

Stollnitz, F., 1965, « Spatial variables, observing responses and discrimination learning sets », *Psychological Review*, 72 : 247-261.

Terrace, H. S., 1984, « Animal cognition », dans H. L. Roitblat, T. G. Bever et H. S. Terrace (éd.), *Animal Cognition*, Hillsdale, Lawrence Erlbaum Associates, p. 7-28.

–, 1985, « In the beginning was the "name" », *The American Psychologist*, 40 : 1011-1028.

–, Petitto, L. A., Sanders, S. J., Bever, T. G., 1979, « Can an ape create a sentence ? », *Science*, 200 : 891-902.

Théraulaz, G., Gervet, J., 1992, « Les performances collectives des sociétés d'insectes », *Psychologie Française*, 37 : 7-14.

Thinus-Blanc, C., Poucet, B., Chapuis, N., 1982, « Object permanence in cats : analysis in locomotor space », *Behavioural Processes*, 7 : 81-86.

Thorndike, E. L., 1898, « Animal intelligence : an experimental study of the associative processes in animals », *Psychological Review*, Monographs Supp. 2 (8), 1-109.

–, 1911, *Animal Intelligence : Experimental Studies*, New York, Macmillan.

Thorpe, W. H., 1956, *Learning and Instinct in Animals*, Cambridge, Mass., Harvard University Press.

–, 1972, « The comparison of vocal communication in primates and in man », dans R. A. Hinde (éd.), *Non Verbal Communication*, Cambridge, Mass., Harvard University Press.
Tiberghien, G., Lecocq, P., 1983, *Rappel et Reconnaissance*, Lille, Presses universitaires de Lille.
Timberlake, W., 1993, « Animal behavior : A continuing synthesis », *Annual Review of Psychology*, 44 : 675-708.
Tinbergen, N., 1935, « Über die Orientierung des Bienenwolfes (Philanthus triangulum) », *Zeitsch. Vergl. Physiolol.*, 21 : 699-716.
–, 1951, *The Study of Instinct*, Oxford, Oxford University Press.
Tolan, J. C., Rogers, C. M., Malone, D. R., 1981, « Cross-modal matching in monkeys : altered visual cues and delay », i, 19 : 289-300.
Tolman, E. C., 1932, *Purposive Behavior in Animals and Men*, New York, Appleton-Century-Crofts.
–, 1948, « Cognitive map in rats and men », *Psychological Review*, 55 : 189-209.
Tomasello, M., George, B. L., Kruger, A. C., Farrar, M. J., Evans, A., 1985, « The development of gestural communication in young chimpanzees », *Journal of Human Evolution*, 14 : 175-186.
Triana, E., Pasnak, R., 1981, « Object permanence in cats and dogs », *Animal Learning and Behavior*, 9 : 135-139.
Ullman, S., 1978, « Mental representations and mental experiences », *The Behavioral and Brain Sciences*, 4 : 605-606.
Vallortigara, G., Zanforlin, M., Pasti, G., 1990, « Geometric modules in animals' spatial representations : a test with chicks (*Gallus gallus domesticus*) », *Journal of Comparative Psychology*, 104 (3) : 248-254.
Van Beusekom, G., 1948, « Some experiments on the optical orientation in Philanthus Triangulum Fabr. », *Behaviour*, 1 : 195-225.
Vancassel, M., 1990, « Behavioural development and adaptation : an assimilation of some of Waddington's ideas ? », *Behavioural Processes*, 22 : 23-31.
Van Iersel, J. S., Van dem Assem, J., 1964, « Aspects of orientation in the diggerwasp Bembix rostrata », *Animal Behavior*, Supp., 1 : 145-162.
Van Lawick-Goodall, J., 1968, « Behaviour of free-ranging chimpanzees in the Gombe Stream Reserve (Tanzania) », *Animal Behavior*, Monographs, 1 : 161-311.
Varela, F.-J., 1989, *Connaître. Les sciences cognitives. Tendances et perspectives*, Paris, Éd. du Seuil.

Vauclair, J., 1982, « Sensorimotor intelligence in human and non human primates », *Journal of Human Evolution*, 11 : 257-264.
–, 1983, « Mémoire de reproduction de patterns visuels chez le chimpanzé », *Bull. SFECA*, 2 : 265-273.
–, 1984a, « Phylogenetic approach to object manipulation in human and ape infants », *Human Development*, 27 : 321-328.
–, J., 1984b, « L'observation en éthologie », dans M.-P. Michiels (éd.), *L'Observation. Textes de base en psychologie*, Paris, Delachaux & Niestlé, p. 123-137.
–, J., 1987a, « A comparative approach to cognitive mapping », dans P. Ellen et C. Thinus-Blanc (éd.), *Cognitive Processes and Spatial Orientation in Animal and Man*, vol. 1 : Experimental Psychology and Ethology, Dordrecht, Martinus Nijhoff, p. 89-86.
–, J., 1987b, « Représentation et intentionnalité dans la cognition animale », dans M. Siguan (éd.), *Comportement, Cognition et Conscience*, Paris, Presses universitaires de France, p. 59-87.
–, 1990a, « Processus cognitifs élaborés : étude des représentations mentales chez le babouin », dans J.-J. Roeder et J. R. Anderson (éd.), *Primates : recherches actuelles*, Paris, Masson, p. 170-180.
–, 1990b, « Primate cognition : from representation to language », dans S. T. Parker et K. R. Gibson (éd.), *« Language » and Intelligence in Monkeys and Apes : Comparative Developmental Perspectives*, New York, Cambridge University Press, p. 312-329.
–, 1990c, « Les images mentales chez l'animal », *La Recherche*, 21 (224) : 1006-1014.
–, Bard, K. A., 1983, « Development of manipulations with objects in ape and human infants », *Journal of Human Evolution*, 12 : 631-645.
–, Rollins, H. A., Nadler, R. D. 1983, « Reproductive memory for diagonal and non diagonal patterns in chimpanzees », *Behavioural Processes*, 8 (3) : 288-300.
–, Rollins, H. A., 1984, « Reproductive memory for visual patterns in chimpanzees », supplément à *Primate Eye*, 23 : 1-2.
Vaughter, R. M., Smotherman, W., Ordy, J. M., 1972, « Development of object permanence in the infant squirrel monkey », *Developmental Psychology*, 7 : 34-38.
Vicchio, S. J., 1986, « From Aristotle to Descartes : Making animals anthropomorphic », in *Animal Intelligence* (R. J. Hoage & L. Godman, eds), Washington, Smithsonian Press, p. 187-207.
Viaud, G., 1951, *Les Tropismes*, Paris, Presses universitaires de France.

Vidal, J.-M., 1985, « Explications biologiques et anthropologiques de l'inceste », *Nouvelle Revue d'ethnopsychiatrie*, 3 : 75-107.
–, 1987, « Motivation et attachement, Continuité et discontinuité dans la structuration des conduites chez les vertébrés infra-humains et humains », *La Psychologie, Encyclopédie de la Pléiade*, Paris, Gallimard, p. 160-228.
Vinter, A., 1987, « Les fonctions de représentation et de communication », *La Psychologie, Encyclopédie de la Pléiade*, Paris, Gallimard, p. 417-462.
Visalberghi, E., 1986, « Aspects of space representation in an infant gorilla », dans D. M. Taub et F. A. King (éd.), *Current Perspectives in Primate Social Dynamics*, New York, Van Nostrand Reinhold Company, p. 445-452.
–, Trinca, L., 1989, « Tool use in capuchin monkeys, or distinguishing between performing and understanding », *Primates*, 30 (4) : 511-521.
Volterra, V., Caselli, M. C, 1986, « First stage of language acquisition through two modalities in deaf and hearing children », *The Italian Journal of Neurological Sciences*, suppl. 5 : 109-115.
Vygotsky, L. S., 1985, Pensée et Langage, Paris, Messidor.
Waal, F. de, 1982, *Chimpanzee Politics*, Londres, Jonathan Cape.
–, 1989, *Peacemaking among Primates*, Cambridge, Mass., Harvard University Press.
Waddington, C. H., 1975, *The Evolution of an Evolutionist*, Édimbourg, Edinburgh University Press.
Walker, S., 1983, *Animal Thought*, Londres, Routledge & Kegan Paul.
–, 1987, *Animal Learning. An Introductio*n, Londres, Routledge & Kegan Paul.
Wallman, J., 1992, *Aping Language*, New York, Cambridge University Press.
Warren, J. M., 1965, « Primate learning in comparative perspective », dans A. M. Schrier, H. F. Harlow et F. Stollnitz (éd.), *Behavior of Non-human Primates : Modern Research Trends*, New York, Academic Press, p. 249-251.
–, 1973, « Learning in Vertebrates », dans D. A. Dewsbury et D. A. Rethlingshafer (éd.), *Comparative Psychology : A Modern Survey*, New York, McGraw-Hill, p. 471-509.
Washburn, M. F., 1908, *The Animal Mind*, New York, Macmillan.
Wasserman, E. A., 1984, « Animal intelligence : understanding the minds of animals through their behavioral "ambassadors" », dans H. L. Roitblat, T. G. Bever et H. S. Terrace (éd.), *Animal Cognition*, Hillsdale, Lawrence Erlbaum, p. 45-60.

Watson, J. B., 1919, *Psychology from the Standpoint of a Behaviorist*, Philadelphie, Lippincott.

Wehner, R., 1983, « Celestial and terrestial navigation : human strategies – insect strategies », dans F. Huber et H. Markl (éd.), *Neuroethology and Behavioral Physiology*, New York, Springer Verlag, p. 366-381.

–, Menzel, R., 1990, « Do insects have cognitive maps ? », *Annual Review of Neuroscience*, 13 : 403-414.

Wenner, A. M., 1964, « Sound communication in honeybees », *Scientific American*, 210 : 116-124.

Whiten, A., Byrne, R. W., 1988, « Tactical deception in primates », *The Behavioral and Brain Sciences*, 11 : 233-273.

Wickler, W., 1978, « Les signaux socio-sexuels et leur imitation intra-spécifique chez les primates », dans D. Morris (éd.), *L'Éthologie des primates*, Bruxelles, Éd. Complexes, p. 80-163.

Wiley, R. H., Hartnett, S. A., 1980, « Mechanisms of spacing in groups of juncos : measurement of behavioral tendencies in social situations », *Animal Behavior*, 28 : 1005-1016.

Wilson, E. O., 1975, *Sociobiology. The New Synthesis*, Cambridge, Belknap Press.

Winnicott, D. W., 1975, *Jeu et Réalité*, Paris, Gallimard.

Wolfe, J. B., 1936, « Effectiveness of token rewards for chimpanzees », *Comparative Psychology Monographs*, 12 : 1-72.

Wood, S., Moriarty, K. M. Gardner, B. T., Gardner, R. A., 1980, « Object permanence in child and chimpanzee », *Animal Learning and Behavior*, 8 : 3-9.

Woodruff, G., Premack, D., 1979, « Intentional communication in the chimpanzee : the development of deception », *Cognition*, 7 : 333-362.

–, Premack, D., Kennel, K., 1978, « Conservation of liquid and solid quantity by the chimpanzee », *Science*, 202 : 991-994.

Wright, S., 1931, « Evolution in mandelian populations », Genetics, 16 : 97-159.

Yarczower, M., Yarczower, B. S., 1979, « In defense of anagenesis, grades and evolutionary scales », *Psychological Bulletin*, 86 : 880-883.

Zayan, R., 1987, « Recognition between individuals indicated by aggression and dominance in pairs of domestic fowls », dans R. Zayan et I. J. H. Duncan (éd.), *Cognitive Aspects of Social Behaviour in the Domestic Fowl*, Amsterdam, Elsevier, p. 321-348.

Zazzo, R., 1979, « Des enfants, des singes et des chiens devant le miroir », *Revue de Psychologie appliquée*, 29 (2) : 235-246.

Nouvelles références bibliographiques

Agrillo, C., Beran, M. J.(éd.), 2013, « Number without language : comparative psychology and the evolution of numerical cognition », *Frontiers in Psychololology*, 4 : 295.

Albuquerque, N., Guo, K, Wilkinson, A, Savalli, C., Otta, E., Mills, D., 2016, « Dogs recognize dog and human emotions », *Biology Letters*, 12 : 20150883.

Bugnyar, T., 2013, « Social cognition in ravens », *Comparative Cognition & Behavior Reviews*, 8, 1-12.

Chang, L., Fang, Q., Zhang, S., Poo, M., Gong, N., 2015, « Mirror-induced self-directed behaviors in rhesus monkeys after visual-somatosensory training », *Current Biology*, 25, 1-6.

Corballis, M. C., 2002, *From Hand to Mouth. The Origins of Language*, Princeton, NJ, Princeton University Press.

–, 2007, « Recursion, language, and starlings », *Cognitive Science*, 31, 697-704.

Gentner, T. Q., Fenn, K. M., Margoliash, D., Nusbaum, H. C., 2006, « Recursive syntactic pattern learning by songbirds », *Nature*, 440, 1204 – 1207.

Ghazanfar A. A., Logothetis, N. K., 2003, « Facial expressions linked to monkey calls », *Nature*, 423, 937 – 938.

Ginelli, F., Peruani, F., Pillot, M.-H., Chatée, H., Theraulaz, G., Bon, R., 2015, « Intermittent collective dynamics emerge from conflicting imperatives in sheep herds », *Proceedings of the National Academy of Sciences*, 112, 12729 – 12734.

Gouteux, S., Thinus-Blanc, C., Vauclair, J., 2001, « Rhesus monkeys use geometric and non geometric information during a reorientation task », *Journal of Experimental Psychology : General*, 130, 505-519.

Hauser, M. D., Chomsky, N., Fitch, W. T., 2002, « The faculty of language : What is it, who has it, and how did it evolve ? », *Science*, 298, 1569-1579.

Hermer, L., Spelke, E., 1996, « Modularity and development : the case of spatial reorientation », *Cognition*, 61, 195-232.

Hermer-Vasquez, L., Spelke, E., Katsnelson, A., 1999, « Source of flexibility in human cognition : Dual-task studies of space and language », *Cognitive Psychology*, 39, 3-36.

Herzfeld, C., Lestel, D., 2005, « Knot tying in great apes : etho-ethnology of an unusual tool behaviour », *Social Science Information*, 44, 621-653.

Hopkins, W.D., Vauclair, J., 2012, « Evolution of behavioral and brain asymmetries in primates », dans M. Tallerman et K. Gibson (éd.), *Handbook of Language Evolution*, Oxford, Oxford University Press, p. 184-197.

Hunt, G. R., 1996, « Manufacture and use of hook-tools by New Caledonian crows », *Nature, 379,* 249.

Kaminski, J., Marshall-Pescini, S. (éd.), 2014, *The Social Dog : Behavior and cognition*, Londres, Academic Press.

–, Nitzschner, M., 2013, « Do dogs get the point ? A review of dog-human communication ability », *Learning and Motivation*, 44, 294-302.

Kenward, B., Weir, A. A. S., Rutz, C., Kacelnik, A., 2005, « Tool manufacture by naive juvenile crows », *Nature*, 433, 121-121.

Khuong, A., Gautrais, J., Perna, A., Sbaï, C., Combe, M., Kuntz, P., Jost, C., Theraulaz, G., 2016, « Stigmergic construction and topochemical information shape ant nest architecture », *Proceedings of the National Academy of Sciences*, 113, 12303-1308.

Leblanc, M.-A., 2015, *Comment pensent les chevaux* ?, Paris, Belin.

Lourenço, O., Machado, A., 1996, « In defense of Piaget's theory : A reply to ten common criticisms », *Psychological Review*, 103 (1), 143-164.

Malone, T. W., Bernstein, M.S., 2015, *Handbook of Collective Intelligence*, Cambridge, Mass., MIT Press.

McGrew, W.C., 2013, « Is primate tool use special ? Chimpanzee and New Caledonian crow compared », *Philosophical Transactions of the Royal Society of London. Series B, Biological Sciences*, 19, 368 : 20120422.

Meguerditchian, A., Cochet, H., Wallez, C., Vauclair, J., 2013, « Communication, latéralité et cerveau chez les primates humains et non humains : vers une origine gestuelle ou multimodale du langage ? », *Revue de primatologie* [en ligne], 5.

Merola, I., Lazzaroni, S., Marshall-Pescini, S., Prato-Previde, E., 2015, « Social referencing and cat-human communication », *Animal Cognition*, 8, 639 – 648.

Miklósi, Á., Pongrácz, P., Lakatos, G., Topál, J., Csány, V. A., 2005, « Comparative study of the use of visual communicative signals in interactions between dogs (*Canis familiaris*) and humans and cats (*Felis catus*) and humans », *Journal of Comparative Psychology*, 119(2), 179-186.

Olmstead, M. C., Kuhlmeier, V. A., 2015, *Comparative Cognition*, Cambridge, Cambridge University Press.

Ouattara, K., Lemassson, A. & Zuberbühler, K., 2009, « Campbell's monkeys concatenate vocalizations into context-specific call sequences, *Proceedings of the National Academy of Sciences*, 106, 22026-22031.

Papini, M. R., 2008, *Comparative Psychology. Evolution and Development of Behavior*, Londres, Psychology Press.

Pepperberg, I. M., 2002, « The value of the Piagetian framework for comparative cognitive studies », *Animal Cognition*, 5, 177-182.

–, M., Willner, M. R., & Gravitz, L. B., 1997, « Development of Piagetian object permanence in a Grey parrot (*Psittacus erithacus*) », *Journal of Comparative Psychology, 111*, 63 – 75.

Plotnik, J. M., de Waal, F. B., Reiss, D., 2006, « Self-recognition in an Asian elephant », *Proceedings of the National Academy of Sciences*, 103, 17053-17057.

Portha, S., Deneubourg, J.-L., Detrain, C., 2002, « Self-organized asymmetries in ant foraging : A functional response to food type and colony needs », *Behavioral Ecology*, 13, 776-781.

Prior, H., Schwarz, A., Güntürkün, O., 2008, « Mirror-induced behavior in the magpie (*Pica pica*): Evidence of self-recognition », *PLoS Biology*, 6(8): e202.

Reiss, D., Marino, L., 2001, « Mirror self-recognition in the bottlenose dolphin : A case of cognitive convergence », *Proceedings of the National Academy of Sciences*, 98(10), 5937 – 5942.

Reznikova, Z., 2007, *Animal intelligence*, New York, Cambridge University Press.

Rowe, M. L., Goldin-Meadow, S., 2009, « Early gesture selectively predicts later language learning », *Developmental Science*, 12, 182-187.

Sanz, C., Morgan, D., 2007, « Chimpanzee tool technology in the Goualougo Triangle, Republic of Congo », *Journal of Human Evolution*, 52, 420-433.

–, Gulick, S., 2004, « New insights into chimpanzees, tools, and termites from the Congo Basin », *American Naturalist*, 164, 567-581.

Sawamura, H., Shima, K., Tanji, J., 2002, » Numerical representation for action in the parietal cortex of the monkey », *Nature*, 415, 918-921.

Smet, A. F., Byrne, R. W., 2013, « African elephants can use human pointing cues to find hidden food », *Current Biology*, 23, 2033-2037.

Smith, A.V., Proops, L., Grounds, K., Wathan, J., McComb, K., 2016, « Functionally relevant responses to human facial expressions of emotion in the domestic horse (*Equus caballus*) », *Biology Letters*, *12* : 20150907.

Spelke, E. S., Kinzler, K. D., 2007, « Core knowledge », *Developmental Science*, 10, 89-96.

Spelke, E., 2008, « La théorie du "Core Knowledge" », *L'Année psychologique*, 108(4), 721-756.

Sueur, C., Deneubourg, J. L., Petit, O., 2011, « From the first intention movement to the last joiner : macaques combine mimetic rules to optimize their collective decisions », *Proceedings of the Royal Society*, 278, 1697-1704.

Suzuki, K., Vauclair, J., 2016, *De quelques mythes en psychologie. Enfants-Loups, singes parlants et jumeaux fantômes*, Paris, Éditions du Seuil.

Taglialatela, J. P., Russell, J. L., Schaeffer, J. A., Hopkins, W. D., 2008, « Communicative signaling activates "Broca's" homologue in chimpanzees », *Current Biology*, 18, 343 – 348.

Thomas, R. K., 1996, « Investigating cognitive abilities in animals : unrealized potential », *Cognitive Brain Research*, 3, 157-166.

Vargas, J. P., López, J. C., Salas, C., Thinus-Blanc, C., 2004, « Encoding of geometric and featural information by goldfish (*Carassius auratus*) », *Journal of Comparative Psychology*, 118, 206-216.

Vauclair, J., 1996, *Animal cognition*, Cambridge, Mass., Harvard University Press.

–, 1998, « Deux approches pour étudier la cognition programme généraliste et programme écologique », dans B. Cyrulnik (éd.), *Si les lions pouvaient parler. Essais sur la condition animale*, Paris, Gallimard, p. 348-355.

–, 2004, « Contribution d'un modèle primate à l'hypothèse de l'origine gestuelle de la parole », *Primatologie*, 6, 287-303.

–, 2012, « Piaget and the comparative psychology of animal cognition », dans E. Marti, C. Rodríguez (éd.), *After Piaget*, New Brunswick, NJ, Transaction Publishers, p. 59-72.

–, Cochet, H., 2013, « Ontogeny and phylogeny of communicative gestures, speech-gestures relationships and left hemisphere specialization for language », dans R. Botha, M. Everaert (éd.) *Oxford Studies in the Evolution of Language : The evolutionary emergence of human* language, Oxford, Oxford University Press, p. 160-180.

–, Imbault, J., 2009, « Relationship between manual preferences for object manipulation and pointing gestures in infants and toddlers », *Developmental Science*, 12, 1060-1069.

–, Kreutzer, M. (éd.), 2004, *L'Ethologie cognitive*, Paris, Editions de la Maison des Sciences de l'Homme.

–, Meguerditchian, A., 2007, « Perceptual and motor lateralization in two species of baboons », dans W.D. Hopkins (éd.), *Evolution of Hemispheric Specialization in Primates, Special Topics in Primatology*, New York, Academic Press, p. 177-198.

Vitale Shreve, K. R., Udell, M. A. R., 2015, « What's inside your cat's head ? A review of cat (*Felis silvestris catus*) cognition research past, present and future », *Animal Cognition*, 8, 1195-1206.

Wimpenny, J. H., Weir, A. A. S., Kacelnik, A., 2010, « New Caledonian crows use tools for non-foraging activities », *Animal Cognition*, 14(3), 459-464.

Index

Table

RÉALISATION : PAO ÉDITIONS DU SEUIL
IMPRESSION : NORMANDIE ROTO IMPRESSION S.A.S. À LONRAI
DÉPÔT LÉGAL : AVRIL 2017. N° 133594 (1605990)
Imprimé en France